土力学实验指导

主　编　李和志
副主编　郭　丽　戴　婷

南京大学出版社

内容提要

本书的编写，侧重基本概念、基本方法的表述，追求过程简明、语言简练，理解起来能更通俗易懂。主要内容包括土的含水率、密度、颗粒分析、界限含水率、比重、击实、固结、直剪、三轴等基本试验，并详细介绍了各试验目的、原理、方法、仪器设备、试验方法和步骤、注意事项、数据分析处理等。

本书适用于高等院校应用型本科学生，可供土木工程、工程力学、交通工程、水利水电工程、岩土工程、地质工程等相关专业学习参考，也可供从事岩土工程勘察、土力学和地质工程的专业试验生产实际使用。

图书在版编目(CIP)数据

土力学实验指导 / 李和志主编. — 南京 ：南京大学出版社，2014.8（2018.2 重印）

ISBN 978-7-305-13837-9

Ⅰ. ①土… Ⅱ. ①李… Ⅲ. ①土力学—实验—高等学校—教学参考资料 Ⅳ. ①TU4-33

中国版本图书馆 CIP 数据核字(2014)第 188972 号

出版发行　南京大学出版社
社　　址　南京市汉口路 22 号　　　邮　编　210093

出 版 人　金鑫荣

书　　名　土力学实验指导
主　　编　李和志
责任编辑　刘亚光　蔡文彬　　　编辑热线　025-83686531

照　　排　南京南琳图文制作有限公司
印　　刷　江苏凤凰通达印刷有限公司
开　　本　787×1092　1/16　印张 5.75　字数 163 千
版　　次　2014 年 8 月第 1 版　2018 年 2 月第 2 次印刷
印　　数　3601～4600
ISBN 978-7-305-13837-9
定　　价　15.00 元

网址：http://www.njupco.com
官方微博：http://weibo.com/njupco
官方微信号：njupress
销售咨询热线：(025) 83594756

前　言

本书是专门针对以培养应用型人才的本科院校来进行编写的。实践教学是培养应用型本科学生实践能力和创新能力的重要环节，对提高学生的社会职业素养和就业竞争力起着重要地位。本书根据应用型本科学生的特点，注重实践环节和理论联系实际。

为满足实验教学的要求，本书与《土力学》教材联合使用，采用国家现行规范《公路土工实验规程》(JTG E40—2007GB)，系统讲解了土力学实验原理、实验所需器材、数据分析处理方法，内容丰富，为毕业后继续从事土木工程行业的学生打下了坚实基础。

本书由李和志担任主编，郭丽、戴婷担任副主编。具体分工如下：李和志编写第1、2章，郭丽编写第3、4、5章，戴婷编写6、7、8章，全书由李和志统稿。本书在编写的过程中得到了湖南科技大学贺建清教授、江西科技学院宋军伟博士、陈辉博士的大力支持，在此表示感谢。

由于水平有限，书中难免有不当或疏漏之处，恳请同行、专家和各位读者不吝指正。

编　者

2014年6月

目　录

第1章　绪　　论

土可作为建筑物的天然地基，也是一种既古老又普通的建筑材料。水坝、铁路、港口、码头等工程及工厂和民用建筑物的兴建是否经济合理，大部分取决于土的工程性质。要成功地解决一个岩土工程问题，科学的程序是：勘探与测试→试验与分析→利用土力学的理论设计计算→施工并对施工过程及使用时期进行监测→用监测数据反过来再次指导设计计算。这是一个将试验和理论与实际现象相互联系的过程。因此，土力学试验是岩土工程规划和设计的前期工作。

土是天然的产物，不是人类按照某种配方制造出来的。即使通过破碎岩石可以获取碎石，进而形成土颗粒，但岩石本身也是天然的，所以在这方面土与钢铁、混凝土是完全不同的。它的性质受到密度、湿度、粒度和孔隙水中化学成分等多种因素的影响，当土体与建筑物共同作用时，其力学性状又因为受力状态、应力历史、加载速率和排水条件不同等而变得更加复杂。仅凭借现在的知识和测试手段，要将受到多种因素影响的土的形状正确地模拟是不可能的。所以，把主要因素加以理想化，并以此建立试验。

表1-1　土力学中土性的假定

<table>
<tr><th colspan="2">章节</th><th>渗流</th><th>应力和变形</th><th>土的固结</th><th>土压力、边坡稳定地基承载力</th></tr>
<tr><td rowspan="2">土</td><td>土颗粒骨架</td><td>刚体</td><td rowspan="2">弹性体</td><td>弹性体</td><td rowspan="2">刚塑性体</td></tr>
<tr><td>孔隙水</td><td>粘性流体</td><td>粘性流体</td></tr>
<tr><td colspan="2">基本方程</td><td>拉普拉斯方程
$\frac{\partial^2 h}{\partial x^2}+\frac{\partial^2 h}{\partial y^2}+\frac{\partial^2 h}{\partial z^2}=0$</td><td>弹性理论</td><td>热传导方程
$\frac{\partial u}{\partial t}=C_v\frac{\partial^2 u}{\partial z^2}$</td><td>滑移线理论</td></tr>
</table>

根据试验原理，在设计试验（如测定土的剪切、压缩形状等）方法时，所预想的性状也是多种多样的。要进行适合全部性状的土工试验，在通常技术条件下是不经济的，也有很大困难。所以，为了便于进行试验资料的比较，将试验方法统一化、标准化。作为设计计算依据的土的力学参数，是在高度简化的条件下测定的，使用试验数据的设计人员尤其要了解清楚。

采用原位测试方法对土的工程性质进行测定，比室内土工试验有较大优点。原位测试方法可以避免钻孔取土时对土的扰动和取土卸荷时土样回弹等对试验结果的影响。试验结果可以直接反映原位土层的物理状态，对某些不易采取原状土样的土层（如深层的砂）只能采用原位测试的方法。但在进行原位测试时，其边界条件较为复杂，在计算分析时，有时还需作不少假定才能进行。室内土工试验由于能进行各种模拟控制试验，以及能进行全过程和全方位的量测与观察，在某种程度上反而能满足土的计算或研究的要求。因此，室内土工试验又是原位测试所代替不了的。

1.1 土力学试验的任务与意义

土在土木工程领域的应用非常广泛，天然土层不仅可作为建筑物的基础，如土层上建造房屋、桥梁、涵洞、堤坝等；或作为建筑物周围的环境，如在土层中修建地下建筑、地下管道、渠道、隧道等；还可作为土工建筑物的材料，如建筑土堤、土坝等。

土力学是将土作为建筑物的地基、材料或介质来研究的一门学科，主要研究土的工程特性及土在荷载作用下的应力、变形和强度问题。

岩土工程学是以工程地质学、岩体力学、土力学和地基基础工程学作为基本理论基础，以解决工程建设过程中出现的所有与岩体或土体有关的工程技术问题为目的的一门新型技术科学，是土木工程学的一个分支学科。而岩土工程则是这门学科在工程建设中的应用，是一门把岩体和土体作为建设环境、建筑材料和建筑物组成部分并进而研究其合理利用、整治、改造的综合性应用技术。

土力学试验是土力学的基本内容之一。它的任务是对土的工程性质进行测试，并获得土的物理性质指标（如密度、含水量、土粒比重等）和力学性能指标（如压缩模量、抗剪强度指标等），从而为工程设计和施工提供可靠的参数。这些参数是正确评价工程地质条件必不可少的前提和依据。

土是指覆盖在地表由岩石风化形成的松散的、没有胶结和弱胶结的颗粒堆积物。土（土质材料）具有以下特征：

(1) 土通常是由土颗粒、水和空气组成的三相混合体。只含有土颗粒和水而没有空气的土称为饱和土；只含有土颗粒和空气而没有水的土称为干燥土；由土颗粒、水和空气三者共同组成的土称为不饱和土。像土这样的多相混合体，不仅要考虑土体整体的性质和运动规律，还应考虑组成土体的各相的性质和运动规律。

相对来讲，土是一种非常难以处理的材料。“有效应力”的思考方法就是基于土是多相混合体而产生的一个重要概念。

(2) 土的本质在于它是离散的颗粒的集合体。这样的集合体既不是气体，也不是液体，也不是固体（土颗粒本身是固体），而是一种称之为“粒状体”的集合体。砂土就是这样粒状体的集合体，这很容易理解。那么粘土又该如何解释呢？粘土在电子显微镜下的照片，如图 1-1 所示。

由该照片可以看出，粘土也是微小的扁平状粒子的集合体。从而可知土与金属等材料相比具有很大的不同。从金属材料的观点来看，可以认为土质材料最初就是已被破坏了的碎末。因此，通常会产生这样的疑问，这样的材料怎么能支撑得住构筑物呢？

土体基本粒子间的粘聚力几乎不存在，只是依靠土颗粒间的摩擦力承受荷载，所以土的变

沉淀后黏土颗粒的排列

(a) 在海水中　　(b) 在淡水中

图1-1　显微镜下黏土的形状

形和破坏受着“摩擦法则”的支配。而且，粒状材料的颗粒之间在荷载作用下位置相互错动，随着剪切变形的增加还会产生体积变化，即发生“剪胀”。

土体具有与一般连续固体材料(如钢、木、混凝土及砌体等建筑材料)不同的孔隙特性，它不是刚性的多孔介质，而是大变形的孔隙性物质，孔隙中水的流动显示土的透水性(渗透性)；土孔隙体积的变化显示土的压缩性、胀缩性；孔隙中土粒的交错显示土内摩擦和黏聚的抗剪强度特性。土的密度、孔隙率、含水率是影响土的力学性质的重要因素。土粒大小相差悬殊，有大于60 mm粒径的巨粒粒组，有小于0.075 mm粒径的细粒粒组，介于0.075～60 mm的粒径为粗粒粒组。只有通过试验，才能揭示土作为一种碎散、多相地质材料的一般和特有的力学性质。

从土力学的发展历史来看，某种意义上，也可以说土力学是土的实验力学，如库仑定律、达西定律，都是通过对土的各种试验而建立起来的。所以，土力学试验在土力学的发展过程中起着相当重要的作用。

1.2　土力学试验项目

土力学试验项目可分为土的物理性质试验和力学性质试验。土的物理性质试验包括土的含水率试验、密度试验、比重试验、颗粒分析试验、界限含水率试验(液限、塑限和缩限试验)等。土的力学性质试验包括土的渗透试验、土的固结试验、抗剪强度试验、击实试验等。通过试验，探讨土体物理力学特性的基本规律，判别土的工程性质，对土进行工程分类，并能够将土体物理力学指标在工程中加以应用。土力学试验项目如表1-2所示。

表1-2　土力学试验项目汇总表

序号	试验项目	试验目的	主要内容	能力培养	建议学时
1	工程土样的观察判别试验	土的判别分类颜色、气味、组织、结构颗粒的性质	① 土样的准备 ② 砂类土的判别 ③ 粉土与黏土的判别	了解土样的采集和管理；学会土的简易判别分类	1.0

（续表）

序号	试验项目	试验目的	主要内容	能力培养	建议学时
2	密度试验（环刀法）	测定土的密度，了解土的疏密和干湿状态	① 测定土的质量 ② 整理测定结果，求出土的密度	掌握环刀法测定土的密度；运用密度换算其他物理性质指标	0.5
3	比重试验（比重瓶法）	测定土的比重，为计算土的孔隙比、饱和重度和土的其他物理力学试验提供必需的依据	① 测定土的比重 ② 整理分析	学会采用比重瓶法测定土粒比重	2
4	含水率试验（烘干法）	测定土的含水率，了解土的含水情况；土的基本性质的计算	① 测出水重、干土重 ② 整理测定结果，求出土的含水率	掌握烘干法测定土的含水率；学会运用含水率换算其他物理性质指标	0.5（与界限含水率试验一起进行）
5	界限含水率试验（液限、塑限联合测定法）	掌握黏性土的黏度状态、液限和塑限的概念，了解黏性土状态的划分	① 测定土的液限、塑限 ② 分析测定结果、得出土的液限、塑限 ③ 定土名、判别土的状态	掌握液限、塑限联合测定法；培养分析黏性土的性质和状态的能力	1.5
6	颗粒分析试验（筛分法）	测定小于某粒径的颗粒占土总质量的百分数，以便了解砂类土组成情况，供砂类土的分类、判断土的工程性质及建材选料之用	① 测定土的颗粒级配 ② 判断土的颗粒级配，定土名	培养对试验结果的计算、绘图描述能力，以土的级配为核心，结合实际工程分析问题的能力	2
7	击实试验（黏性土）	在击实方法下测定土的最大干密度和最优含水率这两个控制路堤、土坝和填土地基等密实度的重要指标	① 对不同含水率的土进行击实 ② 测定土的干密度、含水率 ③ 整理分析测定结果，得出土的最大干密度和最优含水率	掌握土的击实特征，理解土的含水率、击实功对土的压实性的影响；确定路基及填方施工的方法，学会施工管理	1.5
8	砂土渗透试验	测定无黏性土的渗透系数 k，以便了解土的渗透性能的大小，用于土的渗透计算、基坑围护设计、土坝土堤选料参考	① 测定砂土的渗透系数 ② 整理分析测定结果、计算渗透系数	理解达西定律，掌握确定渗透系数的试验方法；理解流砂现象的产生条件	1.5
9	黏性土渗透试验	测定黏性土的渗透系数 k，以便了解土层渗透性的强弱，作为选择坝体填土料的依据；用于基坑围护设计	① 测定黏性土的渗透系数 ② 整理分析测定结果	理解达西定律，掌握确定黏性土的渗透系数的试验方法	2

（续表）

序号	试验项目	试验目的	主要内容	能力培养	建议学时
10	固结试验（快速法）	测定土样在侧限条件下的压缩变形和荷载的关系，用于土的变形计算	① 测定土的压缩性 ② 整理分析测定结果，计算土的压缩性指标	熟悉土的压缩性指标测定方法，培养分析归纳的能力；掌握黏性土变形的计算，了解黏性土变形速率的计算	2
11	直接剪切试验（快剪法）	测定土的抗剪强度，根据库仑定律确定土的抗剪强度参数（内摩擦角和黏聚力）	① 测定土在不同荷载下的抗剪强度 ② 整理分析测定结果，求出土的内摩擦角和黏聚力	熟悉粒径库仑定律，掌握直接剪切试验方法；为基础、土坡、挡土墙等稳定性计算提供参数	2
12	无侧限抗压强度试验	测定饱和软黏土的无侧限抗压强度及灵敏度	① 测定原状土和重塑土的无侧限抗压强度 ② 整理分析测定结果	了解无侧限抗压强度试验只是三轴压缩试验的一个特例，增强动手能力，培养对试验结果的分析归纳能力	1
	三轴压缩试验（演示）	测定土的抗剪强度，用于边坡稳定、地基承载力等计算	在不固结不排水条件下，三轴压缩试验的剪切过程	了解三轴压缩试验方法；理解在不同工程条件下，三种排水强度指标的选用方法	2
13	土力学综合试验	结合工程实际，模拟工程土样，进行土的强度、固结、渗透、击实等土力学综合性试验，为设计施工提供可靠依据	① 现场调查，取样鉴别 ② 制定试验计划 ③ 组织实施 ④ 试验资料的整理 ⑤ 报告总结	培养学生运用已学到的知识独立分析、解决工程实际问题的能力、创新能力和组织、管理能力	

1.3 土样采集

为研究地基土的工程性质，需要从建筑场地中采集原状土样，送到实验室进行土的各项物理力学试验。保证试验数据可靠性的关键一环就是保持试验的土样原状结构、密度与含水率。为取到高质量的未扰动土，要采用一套正确的取土技术，包括钻进方法、取土方法、包装和保存。

1.3.1 影响取土质量的因素

取土的质量对岩土工程性质的评价可靠性起着关键作用。取土质量无法保证，则取土数量和试验的数量再多、试验仪器再好、试验方法再严格，也无法使试验结果正确地反映实际。影响取土质量的因素如表1-3所示。

表 1-3 影响取土质量的因素

因素	说明
应力变化	① 钻探操作工艺、钻头扰力，泥浆压力，孔内外水位差 ② 从取土器中推出土样，围压卸除，溶于水中的气体以气泡形式释出
取土技术	① 取土器的结构和几何参数(如长径比、面积比、内间隙比等) ② 取土方式(压入、打入等)
其他	① 运输过程的振动失水等 ② 储存过程的物理、化学变化(温度、化学、生物作用) ③ 制备土样时切削扰动

1.3.2 取土质量等级

《岩土工程勘察规范》(GB 50021—2012)把土样按照扰动程度划分为 4 级，如表 1-4 所示。

表 1-4 土样质量等级划分

级别	扰动程度	可供试验项目
Ⅰ	未扰动	土类定名、含水率、密度、强度试验、固结试验
Ⅱ	轻微扰动	土类定名、含水率、密度
Ⅲ	显著扰动	土类定名、含水率
Ⅳ	完全扰动	土类定名

1.3.3 取土方法

土样可通过钻孔、探井、探槽或探洞等方式采集。在采集土样时，对不同等级土样采取要求不同的取土方法和工具，除应按现行勘测、勘察规范规定的取样工具和方法进行外，应使所取的土样具有代表性。

在钻孔内取土器采取土样，取土器直径不得小于 100 mm，并使用专门的薄壁取土器。挖掘探井、探槽或探洞，在掘探井、探槽或探洞中人工切削取块试样，其质量可达 I 级。

1.4 土的工程分类、鉴别和描述

1.4.1 土的工程分类

土的分类具有重要意义。在工程中，根据土的分类可大致判断土的工程性质等。所以，科学、合理地划分土的类别十分必要。土的分类方法很多，不同部门选用不同方法。在建筑工程领域，一般根据地质成因、工程性质分类。无黏性土按照颗粒级配分类，而黏性土按照塑性指数 I_p 分类。

在天然土层中，土的种类很多。为评价土的工程性质及进行地基基础设计与施工必须对土进行工程分类。作为建筑物地基的土可分为岩石、碎石土、砂土、粉土、黏性土和人工填土六大类。

1. *岩石及工程分类*

岩石(基岩)是指颗粒间牢固联结,形成整体或具有节理、裂隙的岩体。它作为建筑场地和建筑地基可以按照以下原则分类。

岩石的坚固性按照岩块的饱和单轴抗压强度 f_{rk} 可以分为坚硬岩石、较硬岩石、较软岩石、软岩和极软岩石五种。其划分标准如表 1-5 所示。

表 1-5　岩石分类标准　MPa

$f_{rk}>60$	$15<f_{rk}\leqslant 30$	$30<f_{rk}\leqslant 60$	$5<f_{rk}\leqslant 15$	$f_{rk}\leqslant 5$
坚硬岩石	较硬岩石	极软岩石	软岩	极软岩石

2. *碎石土*

碎石土指粒径大于 2 mm 的颗粒含量超过总质量的 50%的土。碎石土的颗粒级配、形状、大小、颗粒间填充物的性质及密实程度对其承载力都有重要影响。

碎石土根据粒组含量及颗粒形状可分为漂石、块石、卵石、碎石、圆砾和角砾。具体划分如表 1-6 所示。

表 1-6　碎石土的分类

分类	颗粒形状	粒组含量
漂石	圆形及亚圆形为主	粒径大于 200 mm 的颗粒含量超过总质量的 50%
块石	棱角形为主	
卵石	圆形及亚圆形为主	粒径大于 20 mm 的颗粒含量超过总质量的 50%
碎石	棱角形为主	
圆砾	圆形及亚圆形为主	粒径大于 2 mm 的颗粒含量超过总质量的 50%
角砾	棱角形为主	

碎石土的密实度一般用定性的方法由野外描述确定,卵石的密实度可以按照超重型动力触探的锤击数划分。

碎石土的密实程度可据其可挖性、可钻性等野外鉴别方法确定,分为密实、中密、稍密和松散四种(平均粒径大于 50 mm 或最大粒径超过 100 mm)。

平均粒径小于 50 mm 且最大粒径不超过 100 mm 的碎石土可用标准贯入试验将碎石土的密实度划分为松散、稍密、中密、密实四种,如表 1-7 所示。

表 1-7　碎石土分类标准　次

$N\leqslant 5$	$5<N\leqslant 10$	$10<N\leqslant 20$	$N>20$
松散	稍密	中密	密实

碎石土的粒径越大、含量越多,承载力越高;骨架颗粒呈圆形填充砂土者比棱角形填充黏土者承载力高。

碎石土没有黏性和塑性,强度高、压缩性低、透水性好,可作为良好的天然地基。

3. 砂土

砂土是指粒径大于 2 mm 的颗粒含量不超过总质量的 50%，而粒径大于 0.075 mm 的颗粒含量大于 50%的土。

根据粒径含量，砂土可分为砾砂、粗砂、中砂、细砂和粉砂五种，具体划分标准(GBJ7—07)如表 1-8 所示。

表 1-8　砂土的分类

土的名称	粒组含量
砾砂	粒径大于 2 mm 的颗粒超过总质量的 25%～50%
粗砂	粒径大于 0.5 mm 的颗粒超过总质量的 50%
中砂	粒径大于 0.25 mm 的颗粒超过总质量的 50%
细砂	粒径大于 0.075 mm 的颗粒超过总质量的 85%
粉砂	粒径大于 0.075 mm 的颗粒超过总质量的 50%

砂土的密实度可按照标准贯入锤击数 $N_{63.5}$ 分为密实、中密、稍密和松散四种，如表 1-9 所示。

表 1-9　砂土密实度划分标准　　次

$N\leqslant 10$	$10<N\leqslant 15$	$15<N\leqslant 30$	$N>30$
松散	稍密	中密	密实

砂土湿度按照饱和度划分为饱和、很湿和稍湿三种，即 $S_r<50\%$稍湿，$50\%\leqslant S_r\leqslant 80\%$很湿，$S_r>80\%$饱和。

4. 粉土

塑性指数 I_p 小于或等于 10 的土称为粉土。其性质介于黏性土与砂土之间(粒径 $d>0.075$ mm 的颗粒含量不超过 50%，且 $I_p\leqslant 10$ 的土为粉土)，又可分为砂质粉土与黏质粉土。

粉土的密实度与孔隙比有关。$e<0.75$ 的粉土为密实，强度比较高，可作为建筑物的天然地基；$0.75\leqslant e<0.9$ 为中密；$e>0.9$ 时为稍密。饱和稍密的粉土在地震时易产生液化，为不良地基。

粉土的湿度状态用天然含水率 ω 划分：$\omega<20\%$为稍湿，$20\%\leqslant\omega<30\%$为湿，$\omega\geqslant 30\%$为很湿。

5. 黏性土

塑性指数 $I_p>10$ 的土为黏性土，黏性土按照塑性指数分类。根据塑性指数 I_p，黏性土分为两种：$I_p>17$ 为黏土，$10<I_p\leqslant 17$ 为粉质黏土。

黏性土的软硬状态根据液性指数 I_L 划分情况如表 1-10 所示。

表 1-10　黏性土软硬程度划分标准

$I_L\leqslant 0$	$0<I_L\leqslant 0.25$	$0.25<I_L\leqslant 0.75$	$0.75<I_L\leqslant 1$	$I_L>1$
坚硬	硬塑	可塑	软塑	流塑

黏土的矿物颗粒较小，但大多数学者取颗粒尺寸为 0.005 mm 以上。如果颗粒小于

0.005 mm，称为胶体。

工程性质：黏性土与水反应强烈，随着含水量的不同，黏性土处于不同的状态，密实硬塑状态的黏性土为良好地基，疏松流塑状态的黏性土为软弱地基。

6. 人工填土

由人类活动堆填形成的各类土，称为人工填土。它与上述五类自然生成的土是有区别的。人工填土物质成分杂乱，均匀性差。按照组成和成因可分为素填土、杂填土和冲填土。

(1) 素填土

由碎石、砂土、粉土、黏性土等组成的填土，称为素填土。

(2) 杂填土

含有建筑垃圾、工业废料、生活垃圾等杂物的填土，称为杂填土。

(3) 冲填土

由水力冲填泥砂而形成的沉积土称为冲填土。

总之，由于人工填土堆积年代较新，沉积时间短，所以其工程性质不良。其中，压实填土相对较好，而杂填土因成分杂，分布不均匀，工程性质最差。

1.4.2 土的简易鉴别方法

简易鉴别地基土可用目测法代替筛分法确定土颗粒组成及其特征。对碎石土和砂土的鉴别方法，可利用日常熟悉的食品如绿豆、小米、砂糖、玉米面的颗粒作为标准，进行对比鉴别，如表1-11所示。

表1-11 碎石与砂土的简易鉴别

土类	土名	观察颗粒粗细	干土状态	湿土状态	湿润时用手拍击
碎石土	卵石（碎石）	1/2以上（指重量，下同）颗粒接近或超过干枣大小（约20 mm）	完全分散	无黏着感	表面无变化
	圆砾（角砾）	1/2以上颗粒接近或超过绿豆大小（约2 mm）	完全分散	无黏着感	表面无变化
砂土	砾砂	1/4以上颗粒接近或超过绿豆大小	完全分散	无黏着感	表面无变化
	粗砂	1/2以上颗粒接近或超过小米粒大小	完全分散	无黏着感	表面无变化
	中砂	1/2以上颗粒接近或超过砂糖	完全分散	无黏着感	表面无变化
	细砂	颗粒粗细类似粗玉米面	完全分散	偶有轻微黏着感	接近饱和时表面有水印
	粉砂	颗粒粗细类似细白糖	颗粒部分分散、部分轻微胶结	偶有轻微黏着感	接近饱和时表面翻浆

对黏性土与粉土的鉴别方法，根据手搓油腻或砂粒感等感觉，加以区分和鉴别，如表1-12所示，新近沉积黏性土的野外鉴别方法如表1-13所示。

表 1-12　黏性土与粉土的简易鉴别

土名 鉴别方法	干土状态	手搓时感觉	湿土状态	湿土手搓情况	小刀切削湿土
黏土	坚硬,用锤才能打碎	极细的均质土块	可塑,滑腻,黏着性大	易搓成 $d<0.5$ mm 长条,易滚成小土球	切面光滑不见砂粒
粉质黏土	手压土块可碎散	无均质感,有砂粒感	可塑,略滑腻,有黏性	能搓成 $d\approx1$ mm 土条,能滚成小土球	切面平整感有砂粒
粉土	手压土块散成粉末	土质不均,可见砂粒	稍可塑,不油腻,黏性弱	难搓成 $d<2$ mm 细条,滚成土球易裂	切面粗糙

表 1-13　新近沉积黏性土的简易鉴别

沉积环境	颜色	结构性	含有物
河滩及部分山前洪积扇的表层,古河道及已填塞的湖塘沟谷及河道泛滥区	深而暗,呈褐色、暗黄或灰色,含有机质较多时呈黑色	结构性差,用手扰动原状土样,显著变软,粉性土有振动液化现象	无自身形成的粒状结核体,但可含有一定磨圆度的外来钙质结核体及贝壳等。在城镇附近可能含少量碎砖、瓦片、陶瓷及钱币、朽木等人类活动的遗物

1.4.3　土状态描述

1. 在现场采样和试验开启土样时,应按下述内容描述土的状态

(1) 巨粒土和粗粒土:土颗粒的最大粒径;漂石粒、卵石粒、砂粒、砂粒组的含量百分数;土颗粒形状(圆、次圆、棱角或次棱角);土颗粒矿物成分;土的颜色和有机物含量;细粒土成分(黏土或粉土);土的代号和名称。

示例:粉质砂土,含砾约 20%,最大粒径约 10 mm,砾坚,带棱角;砂粒由粗到细,粒圆;含约 15%的无塑性粉质土,干强度低;密实,天然状态潮湿,系冲积砂。

(2) 细粒土:土粒的最大粒径;巨粒、砾粒、砂粒组的含量百分数;潮湿时颜色及有机质含量;土的湿度(干、湿、很湿或饱和);土的状态(流动、软塑、可塑或硬塑);土的塑性(高、中或低);土的名称。

示例:黏质粉土,棕色,微有塑性,含少量细砂,有无数垂直根孔,天然状态坚实。

2. 土的状态应根据不同用途按下列各项分别描述

(1) 当用作填土时:不同土类的分布层次和范围。

(2) 当用作地基时:土类的分布层次及范围;土层结构、层理特征;密实度和稠度。

1.5　土样的准备

1.5.1　土样的要求与管理

试验所需土样的数量应满足要求进行试验项目和试验方法的需要,采样的数量宜按表 1-14 中规定采取。

表1-14 试验取样数量和过土筛标准

试验项目 土样数量 土类	黏土		砂土		过筛标准(mm)
	原状土(筒) ϕ10 cm×20 cm	扰动土(g)	原状土(筒) ϕ10 cm×20cm	扰动土(g)	
含水率		800		500	
比重		800		500	
颗粒分析		800		500	
界限含水率		500			0.5
密度	1		1		
固结	1	2 000			2.0
三轴压缩	2	5 000		5 000	2.0
直接剪切	1	2 000			2.0
击实		轻型>15 000 重型>30 000			5.0
无侧限抗压强度	1				
渗透	1	1 000		2 000	2.0

原状土样应符合下列要求：

(1) 土样密封应严密，保管和运输过程中不得受震、受热、受冻。

(2) 土样取样过程中不得受压、受挤、受扭。

(3) 土样应充满取土筒。

原状土样盒需要保持天然含水率的扰动土样在试验前应妥善保管，并应采取防止水分蒸发的措施。

1.5.2 试样制备仪器

(1) 细筛：孔径0.5 mm、2 mm。

(2) 洗筛：孔径0.075 mm。

(3) 台秤和天平：称量10 kg，最小分度值5 g；称量5 000 g，最小分度值1 g；称量1 000 g，最小分度值0.5 g；称量500 g，最小分度值0.1 g；称量200 g，最小分度值0.01 g。

(4) 环刀：不锈钢材料制成，内径61.8 mm和79.8 mm，高20 mm。

(5) 击样器：如图1-2所示。

(6) 压样器：如图1-3所示。

(7) 抽气设备：应附真空表和真空缸。

(8) 其他：包括切土刀、钢丝锯、碎土工具、烘箱、保湿缸、喷水设备等。

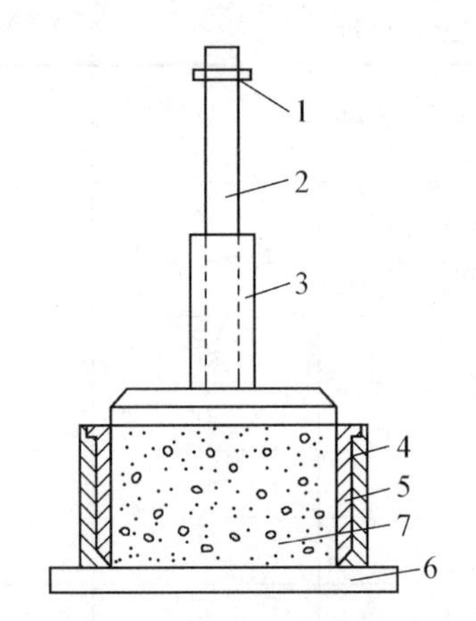

1—定位环；2—导杆；3—击锤；4—击样筒；
5—环刀；6—底座；7—试样

图1-2 击样器

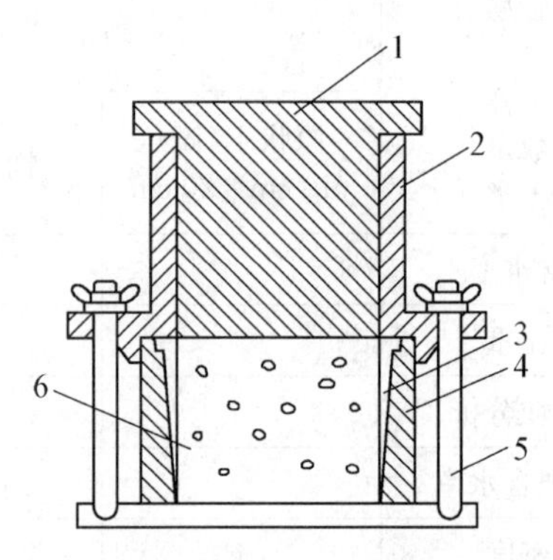

1—活塞；2—导筒；3—护环；4—环刀；
5—拉杆；6—试样

图1-3 压样器

1.5.3 原状土样的准备

(1) 将土样筒按标明的上下方向放置，剥去蜡封和胶带，开启土样筒取出土样。检查土样结构，当确定土样已受扰动或取土质量不符合规定时，不应制备力学性质试验的试样。

(2) 根据试验要求用环刀切取试样时，应在环刀内壁涂一薄层凡士林，刃口向下放在土样上，将环刀垂直下压，并用切土刀沿环刀外侧切削土样，边压边削至土样高出环刀，根据试样的软硬采用钢丝锯或切土刀整平环刀两端土样，擦净环刀外壁，称量环刀和土的总质量。

(3) 从余土中取代表性试样，测定含水率。

1.5.4 扰动土样的准备

一、扰动土的备样

1. 细粒土的备样

(1) 将扰动土样进行土样描述。如颜色、气味及夹杂物等；如有需要，将扰动土充分拌匀取代表性土样进行含水率测定。

(2) 将块状扰动土放在橡皮板上用木碾或利用碎土器碾散(勿压碎颗粒)；如水量较大时，可先风干至易碾散为止。

(3) 根据试验所需土样数量，将碾散后的土样过筛。物理性质试验土样如液限、塑限、缩限等试验，土样过 0.5 mm 筛；物理性质及力学性质试验，土样过 2 mm 筛；击实实验土样，土样过 5 mm 筛。过筛后用四分对角取样法或分砂器，取出足够数量的代表性土样，分别装入玻璃缸内，标以标签，以备各项试验之用。对风干土，需测定风干含水率。

(4) 为配制一定含水率的土样，取过 2 mm 筛的足够试验用的风干土 1～5 kg，平铺在不吸水的盘内，按式(1-1)计算所需的加水量，用喷雾器喷洒预计的加水量，静置一段时间，然后装入玻璃缸内盖紧，润湿一昼夜备用(砂性土润湿时间可酌情减短)。

$$m_w=\frac{m_0}{1+0.01\omega_0}\times 0.01(\omega_1-\omega_0) \qquad (1-1)$$

式中：m_w——制备试样所需的加水量，g；

m_0——湿土(或风干土)质量,g;
ω_0——湿土(或风干土)含水率,%;
ω_1——制样要求的含水率,%。

(5) 测定湿润土样不同位置的含水率(至少2个以上),要求差值不大于±1%。

2. 粗粒土的备样

(1) 对砂及砂砾土,按四分法或分砂器细分土样,然后取足够试验用的代表性土样供作颗粒分析试验用,其余过5 mm筛。筛上和筛下土样分别贮存,供作比重及最大和最小孔隙比等试验用。取一部分过2 mm筛的土样供作力学性试验用。

(2) 如有部分粘土依附在砂砾石上面,则先用水浸泡,将浸泡过的土样在2 mm筛上冲洗,取筛上及筛下具有代表性的土样供作颗粒分析试验用。

(3) 将冲洗下来的土浆风干至易碾散为止,再按细粒土的备样中的第2~5步规定进行备样。

二、扰动土试样的制备

扰动土试样的制备,视工程实际情况,分别采用击样法、击实法和压样法。

1. 击样法

(1) 根据环刀的容积及所要求的干密度、含水率,按式(1-2)计算试样的用量,制备湿土样。

$$m=\rho_d(1+0.01\omega_1)V \tag{1-2}$$

式中:m——所需加入湿土的质量;
ρ_d、ω_1——分别为所需制备试样的干密度及含水率;
V——环刀的体积。

(2) 将湿土倒入预先装好的环刀内,并固定在底板上的击实器内,用击实方法将土击入环刀内。

(3) 取出环刀,称量环刀、土总质量,并满足制备试样密度与制备标准的差值及一组平行试验试样间的密度差均在0.02 g/cm^3。

2. 击实法

(1) 根据试样所要求的干密度、含水率,计算土样的用量,并制备湿土样。

(2) 用《击实试验》介绍的击实程序,将土样击实到所需的密度,用推土器推出。

(3) 将试验用的切土环刀内壁涂一薄层凡士林,刃口向下,放在土样上。用切土刀将土样切削成稍大于环刀直径的土柱。然后,将环刀垂直向下压,边压边削,至土样伸出环刀为止。削去两端余土并修平。擦净环刀外壁,称环刀、土总质量,精确至0.1 g,并测定环刀两端削下土样的含水率。

3. 压样法

(1) 按上述方法制备湿土样,称出所需的湿土量。将湿土倒入预先装好环刀的压样器内,拂平土样表面,以静压力将土压入环刀内。

(2) 取出环刀,称环刀、土总质量,并满足制备试样密度与制备标准的差值及一组平行试验试样间的密度差均在0.02 g/cm^3。

1.5.5 试样饱和

试样的饱和宜根据土样的透水性能,分别采用下列方法:

1. 粗粒土采用浸水饱和法

2. 渗透系数大于 4～10 cm/s 的细粒土,采用毛细管饱和法;渗透系数小于或等于 4～10 cm/s 的细粒土,采用抽气饱和法

(1) 毛细管饱和法

① 选用框式饱和器[如图 1－4(a)所示],试样上、下面放滤纸和透水板,装入饱和器内,并旋紧螺母。

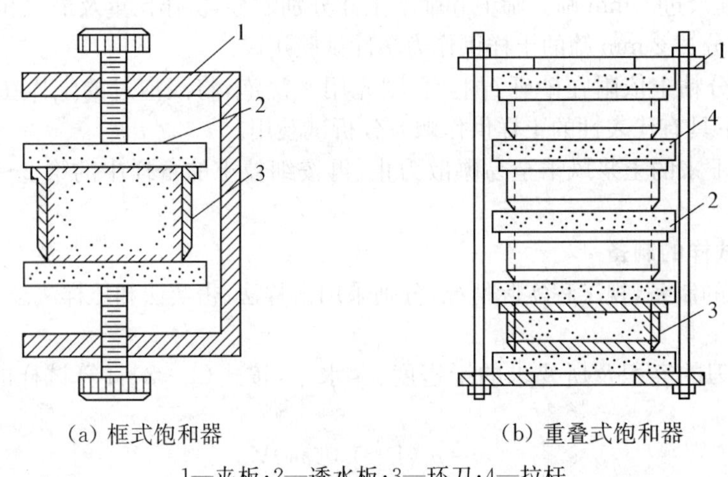

(a) 框式饱和器　　(b) 重叠式饱和器

1—夹板;2—透水板;3—环刀;4—拉杆

图 1－4　饱和器

② 将装好的饱和器放入水箱内,注入清水,水面不宜将试样淹没,关箱盖,浸水时间不得少于两昼夜,使试样充分饱和。

③ 取出饱和器,松开螺母,取出环刀,擦干外壁,称环刀和试样的总质量,并计算试样的饱和度。当饱和度低于 95%时,应继续饱和。

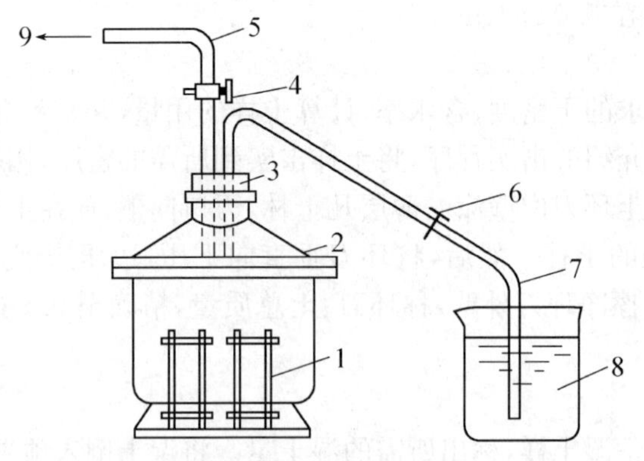

1—饱和器;2—真空缸;3—橡皮塞;4—二通阀;5—排气管;6—管夹;7—引水管;8—盛水器;9—接真空泵

图 1－5　真空饱和装置

(2) 抽气饱和法

① 选用重叠式[如图 1－4(b)所示]或框式饱和器和真空饱和装置(如图 1－5 所示)。在重叠式饱和器下夹板的正中,依次放置透水板、滤纸、带试样的环刀、滤纸、透水板,如此顺序重

复,由下向上重叠至拉杆高度,将饱和器上夹板盖好后,拧紧拉杆上端的螺母,将各个环刀在上、下夹板间夹紧。

② 将装有试样的饱和器放入真空缸内,在真空缸和盖之间涂一薄层凡士林,盖紧缸盖。

③ 关管夹、开二通阀,将真空缸与真空泵接通,启动真空泵,抽除缸内及土中气体。当真空压力表读数接近当地一个大气压力值时后,继续抽气,黏质土约 1 h、粉质土约 0.5 h 后,稍微开启管夹,使清水由引水管徐徐注入真空缸内。在注水过程中,调节管夹,使真空表上的数值基本上保持不变。

④ 待饱和器完全淹没水中后,即停止抽气。将引水管自水缸中提出,开管夹令空气进入真空缸内,静置一定时间,借大气压力使试样饱和。

⑤ 取出饱和器,松开螺母,取出环刀,擦干外壁,称环刀和试样的总质量,并计算试样的饱和度。当饱和度低于 95%时,应继续饱和。

第 2 章　密度和比重试验

2.1　土的三相比例指标

2.1.1　土的三相图

土由土中固体颗粒、土中水(可以处于液态、固态或气态)和土中气三部分组成,即由固、液、气三相构成。土的三相物质在质量或体积上的比例关系称为土的三相比例指标,随着各种条件的变化而改变。如地下水位的升高或降低,都将改变土中水的含量;经过压实的土,其孔隙体积将减小。这些变化都可以通过相应指标的具体数字反映出来。

土的三相比例指标可分为两类:一类是实验室直接测定的指标,另一类是换算指标。如图 2-1 所示为土的三相组成示意图。

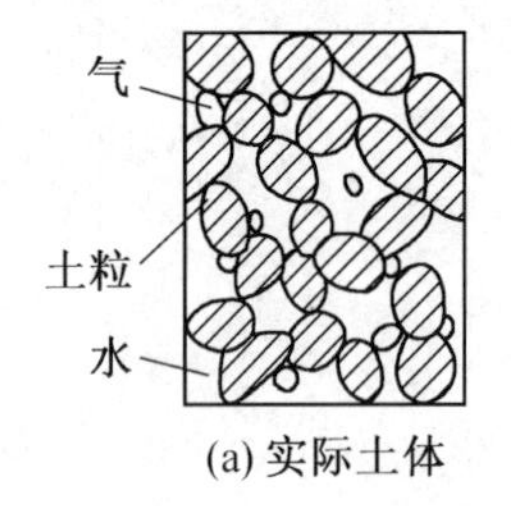

(a) 实际土体

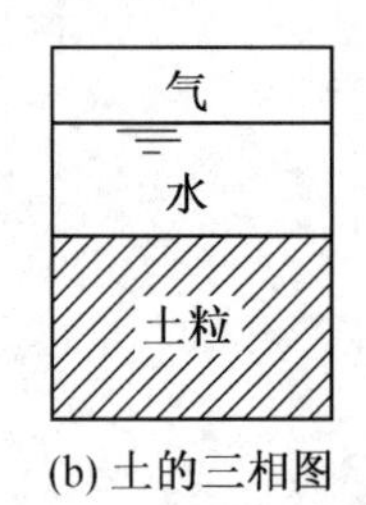

(b) 土的三相图

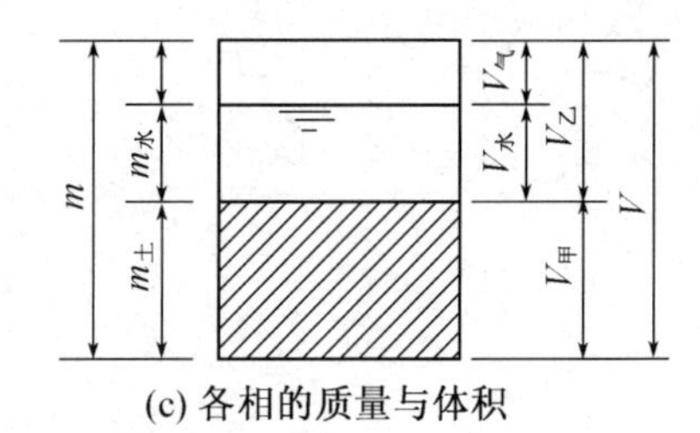

(c) 各相的质量与体积

图 2-1　土的三相组成示意图

图中符号的意义如下:

m_s——土粒质量;

m_w——土中水质量;

m——土的总质量,$m=m_s+m_w$(通常认为空气质量 m_a 可以忽略);

V_s、V_w、V_a——土粒、土中水、土中气的体积;

V_v——土中孔隙体积,$V_v=V_w+V_a$;

V——土的总体积,$V=V_s+V_w+V_a$。

2.1.2　实验室直接测定的三个指标

在土的三相比例指标中,土粒比重 G_s,土中含水率 ω、密度 ρ 可由实验室直接测定。

1. 土的密度 ρ

单位体积土的质量称为土的密度,单位 g/cm³,即

$$\rho=\frac{m}{V} \tag{2-1}$$

天然状态下土的密度变化范围较大，一般黏性土为 1.8～2.0 g/cm³；砂土为 1.6～2.0 g/cm³；腐殖土为 1.5～1.7 g/cm³。土的密度一般用“环刀法”测定。

土的重度由密度乘以重力加速度求得，即 $\gamma=\rho g$，其单位是 kN/m³。

2. 土粒比重 G_s

土粒质量与同体积的 4℃时纯水的质量之比，称为土粒比重，无量纲，即

$$G_s=\frac{m_s/V_s}{\rho_{w1}}=\frac{\rho_s}{\rho_{w1}} \tag{2-2}$$

式中：ρ_s——土粒密度，即土粒单位体积的质量，g/cm³；

ρ_{w1}——4℃时纯水的密度，等于 1 g/cm³。

土粒比重主要取决于土的矿物成分，其变化幅度很小，一般在 2.7 左右。土粒比重可用比重瓶法测定。

3. 土的含水率 ω

土中水的质量与土粒质量之比，称为土的含水率，以百分数计，即

$$\omega=\frac{m_w}{m_s}\times 100\% \tag{2-3}$$

含水率 ω 是表示土含水程度（或湿度）的一个重要物理指标。天然土层的含水率变化范围很大，它与土的种类、埋藏条件及其所处的自然地理环境等有关。土的含水率一般用“烘干法”测定。

2.2 密度试验——环刀法

土的密度反映了土体结构的松紧程度，是计算土的自重应力、干密度、孔隙比、孔隙度等指标的重要依据，也是计算挡土墙土压力、验算土坡稳定性、估算地基承载力和沉降量以及控制路基路面施工填土压实度的重要指标之一。测定土的密度，了解土的疏密和干湿状态，供换算土的其他物理性质指标和工程设计与控制施工质量之用。

(1) 一般黏性土宜采用环刀法；

(2) 易破碎、形状不规则的坚硬土可采用蜡封法；

(3) 对于砂土与砂砾土等粗粒土，可用现场的灌砂法或灌水法。

本次试验采用环刀法。

2.2.1 试验原理

土的密度指土的湿密度 ρ，相应的重度称为湿重度 γ，除此以外还有土的干密度 ρ_d、饱和密度 ρ_{sat} 和有效密度 ρ'，单位通常以 g/cm³ 表示；相应的有干重度 γ_d、饱和重度 γ_{sat} 和有效重度 γ'，单位通常以 kN/m³ 表示。环刀法就是采用一定体积环刀切取土样并称量土的质量的方法。环刀内土的质量与环刀体积之比即为土的密度。环刀法操作简单且准确，在室内和野外均普遍采用，但环刀法只适用于测定不含砾石颗粒的细粒土的密度。

2.2.2 试验方法

1. 仪器设备

(1) 环刀。内径 61.8 mm 和 79.8 mm，高度 20 mm。

(2) 天平。称量 500 g，最小分度值为 0.1 g；称量 200 g，最小分度值为 0.01 g。

(3) 其他。削土刀，钢丝锯，玻璃片，凡士林等。

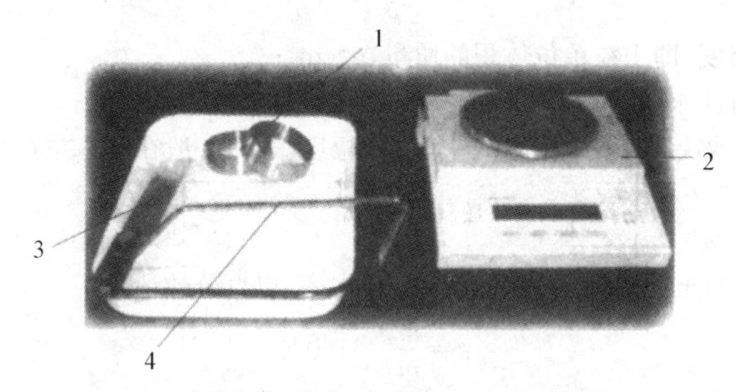

1—环刀；2—天平；3—切土刀；4—钢丝锯

图 2-2 密度试验(环刀法)主要仪器设备

2. 操作步骤

(1) 取环刀，记录其编号并称量其质量，精确至 0.01 g。

(2) 按工程需要取原状土或制备所需状态的扰动土样，整平其两端，将环刀内壁涂一薄层凡士林，刃口向下放在土样上。

(3) 用切土刀或钢丝锯将土样削成略大于环刀直径的土柱。然后将环刀垂直下压，边压边削，至土样伸出环刀为止。将两端余土削去修平，取剩余的代表性土样测定含水率，精确至 0.1%。

(4) 擦净环刀外壁后称量环刀和湿土质量，精确至 0.01 g。

3. 注意事项

(1) 本试验需进行两次平行测定，其平行差值不得大于 0.03 g/cm^3。如平行差值不大于 0.03 g/cm^3，最终试样密度为两次平行测定的算术平均值；如平行差值大于 0.03 g/cm^3，需重新进行测量。

(2) 对于湿度较大或粘度较大的，宜采用钢丝锯切削土柱。

(3) 环刀一定要垂直下压。

(4) 压环刀一定要边压边削，切记不要用力过猛。否则，容易引起试样开裂。

4. 计算公式

按式(2-4)、式(2-5)分别计算土样的密度及干密度，计算结果精确至 0.01 g/cm^3。

$$\rho=\frac{m}{V} \tag{2-4}$$

$$\rho_d=\frac{\rho}{1+0.01\omega} \tag{2-5}$$

式中：ρ_d、ρ——分别为试样的干密度、密度，g/cm^3；

m——试样的质量，g；

V——试样的体积，cm³；

ω——试样的含水率，%。

2.2.3　试验记录

利用环刀法测量土样的密度，其试验记录表格式如表 2-1 所示。

表 2-1　环刀法测量土样的密度记录表

工程名称＿＿＿＿＿＿＿＿　试验者＿＿＿＿＿＿＿＿

土样说明＿＿＿＿＿＿＿＿　计算者＿＿＿＿＿＿＿＿

试验日期＿＿＿＿＿＿＿＿　校核者＿＿＿＿＿＿＿＿

环刀编号	环刀体积 cm³	环刀质量 g	环刀＋湿土质量 g	湿土质量 g	含水率 %	湿密度 g/cm³	干密度 g/cm³	平均干密度 g/cm³
	(1)	(2)	(3)	(4)＝(3)－(2)	(5)	(6)＝(4)/(1)	(7)＝(4)/(1＋0.01×(5))	

2.3　比重试验——比重瓶法

2.3.1　试验原理

土粒比重是指土粒在温度 105℃～110℃下烘至恒重时的质量与土粒同体积 4℃时纯水质量的比值。在数值上，土粒比重与土粒密度相同，即土的单位体积质量，只是前者是无量纲的数。

土粒的比重是土的基本物理性质之一，是计算孔隙比、孔隙率、饱和度等的重要依据，也是评价土类的主要指标。土粒的比重主要取决于土的矿物成分，不同土类的比重变化幅度不大。

土的比重试验根据土粒粒径的不同可分别采用比重瓶法、浮称法或虹吸管法。对于粒径小于 5 mm 的土，采用比重瓶法进行，其中对于排除土中空气可用煮沸和真空抽气法；对于粒径大于等于 5 mm 的土，且其中粒径大于 20 mm 颗粒小于 10%时，采用浮称法进行；对于粒径大于等于 5 mm 的土，但其中粒径大于 20 mm 颗粒大于 10%时，采用虹吸管法进行；当土中同时含有粒径小于 5 mm 和粒径大于等于 5 mm 的土粒时，粒径小于 5 mm 的部分用比重瓶法测定，粒径大于等于 5 mm 的部分则用浮称法或虹吸管法测定，并取其加权平均值作为土的比重。这里着重介绍比重瓶法。

比重瓶法，其基本原理就是对比由称好质量的干土放入盛满水的比重瓶的前后质量差异，来计算土粒的体积，从而进一步计算出土粒比重。

2.3.2　试验方法

通常采用比重瓶法测定由粒径小于 5 mm 的颗粒组成的各类土。

用比重瓶法测定土粒体积时，必须注意所排出的液体体积只能代表固体颗粒的实际体积。土中含有气体，试验时必须把气体排尽，否则影响测试精度，可用沸煮法或抽气法排除土内气体。所用的液体为纯水。若土中含有大量的可溶盐类、有机质、胶粒时，则可用中性溶液，如煤油、汽油、甲苯等，此时，必须采用抽气法排气。

一、仪器设备

(1) 比重瓶。容量 100 mL 或 500 mL，分长颈和短颈两种。

(2) 天平。称量 200 g，最小分度值为 0.001 g。

(3) 砂浴。应能调节温度(或可调电加热器)。

(4) 恒温水槽。精确度应为±1℃。

(5) 温度计。测定范围刻度为 0～50℃，最小分度值为 0.5℃。

(6) 真空抽气设备。

(7) 其他。烘箱，纯水，中性液体，小漏斗，干毛巾，小洗瓶，瓷钵及研棒，孔径为 2 mm 及 5 mm 的筛，滴管等。

二、操作步骤

1. 按下列步骤校准比重瓶

(1) 将比重瓶洗净、烘干，置于干燥器内，冷却后称量，精确至 0.001 g。

(2) 将煮沸经冷却的纯水注入比重瓶。对长颈比重瓶注入水至刻度处，对短颈比重瓶应注满纯水，塞紧瓶塞，多余水自瓶塞毛细管中溢出，将比重瓶放入恒温水槽直至瓶内水温稳定。取出比重瓶，擦干外壁，称瓶、水总质量，精确至 0.001 g。测定恒温水槽内水温，精确至 0.5℃。

(3) 调节数个恒温水槽内的温度，温度宜为 5℃，测定不同温度下的瓶、水总质量。每个温度时均应进行两次平行测定，两次测定的差值不得大于 0.002 g，取两次测值的平均值。绘制温度与瓶、水总质量的关系曲线，如图 2-3 所示。

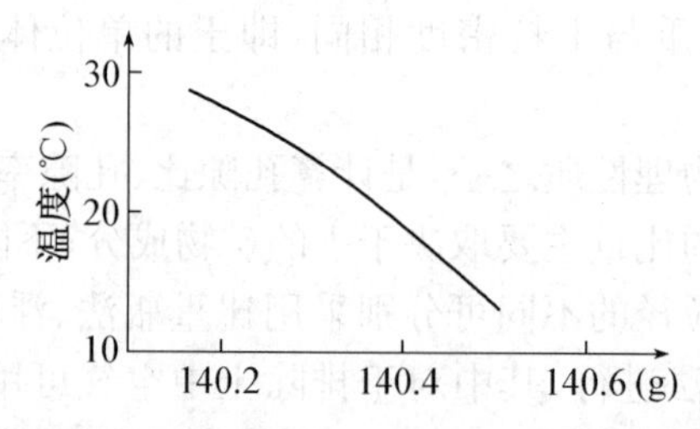

图 2-3　温度与瓶、水总质量的关系曲线

2. 试样制备

将土样从土样筒中取出，并将土样切成碎块、拌和均匀；在 105℃～110℃温度下烘干，对有机质含量超过 5%的土、含石膏和硫酸盐的土，应在 65℃～70℃温度下烘干。

3. 将比重瓶烘干

称烘干试样 15 g(当用 50 mL 的比重瓶时，称烘干试样 10 g)装入比重瓶，称试样和瓶的总质量，精确至 0.001 g。

4. 排除土中空气

向比重瓶内注入半瓶纯水，摇动比重瓶，并放在砂浴上煮沸，煮沸时间自悬液沸腾不得溢出。对砂土宜用真空抽气法；对含有可溶盐、有机质和亲水胶体的土必须用中性液体(煤油)代替纯水，采用真空抽气法排气，真空表读数宜接近一个大气压，抽气时间不得少于 1 h，直至土样内气泡排净为止。

5. 将煮沸经冷却的纯水(或抽气后的中性液体)注入装有试样悬液的比重瓶

当用长颈比重瓶时注入纯水至刻度处；当用短颈比重瓶时应将纯水注满，塞紧瓶塞，多余自瓶塞毛细管中溢出。将比重瓶放入恒温水槽内至温度稳定，且瓶内上部悬液澄清。取出比重瓶，擦干瓶外壁，称瓶、水、试样总质量，精确至 0.001 g，并测定瓶内的水温，精确至 0.5℃。

6. 从温度与瓶、水总质量的关系曲线中查得各试验温度下的瓶、水总质量

注意：用中性液体代替纯水测定可溶盐、黏土矿物或有机质含量较高的土的土粒密度时，常用真空抽气法排除土中空气。抽气时间一般不得少于 1 h，直至悬液内无气泡逸出为止，其余步骤同前。

三、注意事项

(1) 用中性液体，不能用煮沸法。

(2) 煮沸(或抽气)排气时，必须防止悬液溅出瓶外，火力要小，并防止煮干。必须将土中气体排尽，否则影响试验成果。

(3) 必须使瓶中悬液与纯水的温度一致。

(4) 称量必须准确，必须将比重瓶外水分擦干。

(5) 若用长颈式比重瓶，液体灌满比重瓶时，液面位置前后应一致，以液面下缘为准。

(6) 本试验必须进行两次平行测定，两次测定的差值不得大于 0.02 g/cm^3，取两次测值的平均值，精确至 0.01 g/cm^3。

四、计算公式

土粒比重(相对密度)G_s 应按照式(2-6)计算：

$$G_s=\frac{m_d}{m_{bw}+m_d-m_{bws}}\times G_{iT} \tag{2-6}$$

式中：m_d——试样的质量，g；

m_{bw}——比重瓶、水总质量，g；

m_{bws}——比重瓶、水、试样总质量，g；

G_{iT}——T ℃时纯水或中性液体的比重。

水的密度如表 2-2 所示，中性液体的比重应实测，称量精确至 0.001 g。

表 2-2　不同温度时水的密度

水温/℃	4.0～5	6～15	16～21	22～25	26～28	29～32	33～35	36
水的密度/(g/cm^3)	1.000	0.999	0.998	0.997	0.996	0.995	0.994	0993

土粒比重除实测外，也常按经验数值选用，对一般土粒比重参考值如表 2-3 所示。

表 2-3　土粒比重参考值

土的名称	砂类土	粉性土	黏性土	
			粉质黏土	黏土
土粒比重	2.65～2.69	2.70～2.71	2.72～2.73	2.74～2.76

五、试验记录

比重瓶法测定土的比重试验记录如表 2-4 所示。

表 2-4　比重试验记录(比重瓶法)

工程名称＿＿＿＿＿＿＿＿　试验者＿＿＿＿＿＿＿＿

土样说明＿＿＿＿＿＿＿＿　计算者＿＿＿＿＿＿＿＿

试验日期＿＿＿＿＿＿＿＿　校核者＿＿＿＿＿＿＿＿

试验编号	比重瓶号	温度/℃	液体比重查表	比重瓶质量/g	干土质量/g	瓶＋液体质量/g	瓶＋液＋干土总质量/g	与干土同体积的液体质量/g	比重	平均值
		①	②	③	④	⑤	⑥	⑦＝④＋⑤－⑥	⑧	⑨

第3章　含水率及界限含水率试验

3.1　含水率试验

土中水的质量与土粒质量之比，即土在105℃～110℃下烘至恒重时所失去的水分质量与干土质量的比值，称为土的含水率，以百分数计。

含水率 ω 是表示土含水程度（湿度）的一个重要物理指标，它对黏性土的工程性质有很大影响，如土的状态、土的抗剪强度以及土的固结变化等。一般情况下，当土（尤其是细粒土）的含水率增大时，土的强度就降低。测定土的含水率，是计算土的孔隙比、液性指数、饱和度和其他物理力学性质不可缺少的一个基本指标。常见的测试方法及适用情况如下：

(1) 烘干法。室内试验的标准方法，一般黏性土都可以采用。

(2) 酒精燃烧法。适用于快速简易测定细粒土的含水率。

(3) 比重法。适用于砂类土。

3.2　含水率试验——烘干法

含水率试验常采用烘干法。烘干法是将试样放在温度能保持105℃～110℃的烘箱中烘至恒量的方法，是室内测量含水率的标准方法。

3.2.1　适用范围

烘干法适用于粗粒土、细粒土、有机质土和冻土。

3.2.2　仪器设备

烘干法所用主要仪器设备，应符合下列规定：

(1) 电热烘箱：应能控制温度为105℃～110℃。

(2) 天平：称重200 g，最小分度值0.01 g；称重1 000 g，最小分度值0.1 g。

(3) 其他：试样盒、切土刀等。

1—天平；2—装有土样的试样盒

图3-1　含水率试验仪器设备

3.2.3 操作步骤

(1) 取两份具有代表性的试样 15～30 g(有机质土、砂类土和整体状构造冻土为 50 g),分别装入两只试样铝盒,盖上盒盖。

(2) 在天平上称盒加湿土质量并作记录,精确至 0.01 g。

(3) 打开盒盖,将试样置于烘箱内,在 105℃～110℃的恒温下烘至恒量。烘干时间:黏土、粉土不得少于 8 小时,砂土不得少于 6 小时;对含有机质超过干土质量 5%的土,应将温度控制在 65℃～70℃的恒温下烘至恒量。

(4) 将土样盒从烘箱中取出,盖上盒盖,放入干燥容器内冷却至室温,称盒加干土质量并作记录,精确至 0.01 g。

3.2.4 注意事项

(1) 刚烘干的土样要等冷却后再称重;

(2) 称重时精确至小数点后 2 位;

(3) 本试验需进行 2 次平行测定,取其算术平均值,允许平行差值应符合表 3-1 的规定。

表 3-1 允许平行差值

含水率/%	<10	10～40	>40
允许平行差值/%	0.5	1.0	2.0

3.2.5 计算公式

土的天然含水率按式(3-1)计算:

$$\omega=\frac{m_w}{m_s}\times 100\%=\frac{m_1-m_2}{m_2-m_0}\times 100\% \tag{3-1}$$

式中:ω——土的含水率,%;

m_w——试样中水的质量,$m_w=m_1-m_2$,g;

m_s——试样中土粒的质量,$m_s=m_2-m_0$,g;

m_1——称量盒加湿土的质量,g;

m_2——称量盒加干土的质量,g;

m_0——称量盒质量,g。

对层状和网状构造的冻土,含水率试验应首先按照下列步骤进行处理:用四分法切取 200～500 g 试样(视冻土结构均匀程度而定,结构均匀少取,反之多取)放入搪瓷盘中,称量盘和试样质量,精确至 0.1 g。待冻土试样融化后,调成均匀糊状(土太湿时,多余的水分让其自然蒸发或用吸球吸出,但不得将土粒带出;土太干时,可适当加水),称土糊和盘质量,精确至 0.1 g。然后从糊状土中取样,按照以上步骤进行试验。

层状和网状冻土的含水率应按式(3-2)计算,精确至 0.1%。

$$\omega=\left[\frac{m_1}{m_2}\times(1+0.01\omega_h)-1\right]\times 100\% \tag{3-2}$$

式中:ω——土的含水率,%;

m_1——冻土试样质量,g;

m_2——糊状试样质量,g;

ω_h——糊状试样的含水率,%。

3.2.6 试验记录

表3-2 烘干法试验记录表

工程名称________ 试验者________

土样说明________ 计算者________

试验日期________ 校核者________

盒号	盒质量/g	盒+湿土质量/g	盒+干土质量/g	水质量/g	干土质量/g	含水率/%	平均含水率%
	(1)	(2)	(3)	(4)=(2)-(3)	(5)=(3)-(1)	(6)=(4)/(5)	

3.3 界限含水率试验——液、塑限联合测定法

根据含水率的不同,土体分别处于流动状态、可塑状态、半固体状态和固体状态。流动状态和可塑状态的分界含水率称为土的液限,可塑状态和半固体状态的分界含水率称为土的塑限。

试验目的:采用液、塑限联合测定法测定黏性土的液限 ω_L 和塑限 ω_p。根据圆锥仪的圆锥入土深度与其相应的含水率在双对数坐标具有线性关系的特性来进行实验:利用圆锥质量为76 g的液塑限联合测定仪测得土在不同含水率时的圆锥入土深度,并绘制其关系直线图,在图上查得圆锥下沉深度为17 mm所对应的含水率为液限,查得圆锥下沉深度为2 mm所对应的含水率为塑限。并由此计算塑性指数 I_p、液性指数 I_L,进而判别黏性土的软硬程度。同时,作为黏性土的定名分类和估算地基土承载力的依据。

3.3.1 试验原理

黏性土随着含水量的变化,从一种状态转变为另一种状态的含水量界限值,称为界限含水率。液限是黏性土从可塑状态转变为流动状态的界限含水率;塑限是黏性土从可塑状态转变为半固态的界限含水率。

3.3.2 试验方法

(1) 碟式仪液限试验。适用于粒径小于0.5 mm的土。

(2) 滚搓法塑性试验。适用于粒径小于0.5 mm的土。

(3) 液塑限联合测定法。适用于粒径小于0.5 mm和有机质含量不大于试样总质量5%的土。

3.3.3 仪器设备

(1) 液塑限联合测定仪。如图 3-2 所示,包括带标尺的圆锥仪、有电磁铁、显示屏、控制开关、测读装置、升降支座等,圆锥质量为 76 g,锥角为 30°,试样杯内径 40 mm,高 30 mm。

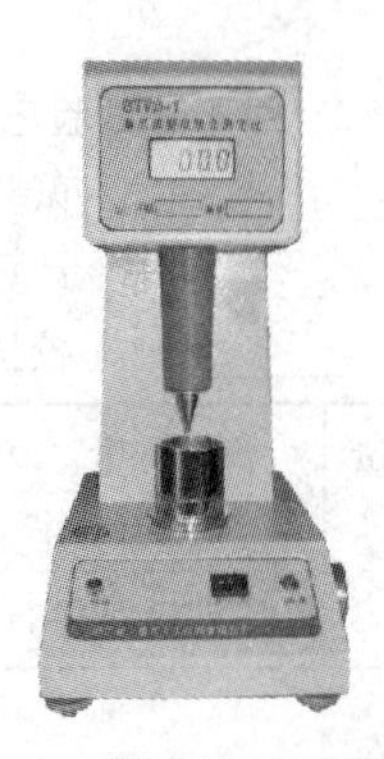

图 3-2 液塑限联合测定仪

(2) 天平。称量 200 g,最小分度值为 0.01 g。

(3) 其他。烘箱,干燥器,调土刀,不锈钢杯,凡士林,称量盒。孔径 0.5 mm 的筛等。

3.3.4 操作步骤

(1) 宜采用天然含水率试样,当土样不均匀时,采用风干试样,当试样中含有大于 0.5 mm 的土粒和杂物时,应过 0.5 mm 的筛。

(2) 当采用天然含水率土样时,取代表性土样 250 g;采用风干试样时,取 0.5 mm 筛下代表性土样 200 g,将试样放在橡皮板上用纯水将土样调成均匀膏状,放入调土皿上,湿润过夜。

(3) 用调土刀将制备的试样充分调拌均匀,分数次密实地填入试样杯中,注意填样时试样内部及试样杯边缘处均不应留有空隙,填满后刮平表面。

(4) 将试样杯放在联合测定仪的升降台上,在圆锥上抹一薄层凡士林,接通电源,使电磁铁吸住圆锥。

(5) 调节零点,将屏幕上的标尺调至零位;调整升降台,使圆锥尖接触试样表面,指示灯亮时圆锥在自重下沉入试样中,经 5 s 后读取圆锥下沉深度(显示屏幕上)。重复第 4、5 步骤二到三次,取其读数的平均值。

(6) 取下试样杯,挖去锥尖入土的凡士林,取锥体附近的试样 10~15 g 放入试样盒内,测定含水率。

(7) 将全部试样再加水(或吹干)调匀,重复第 3 至 6 步骤分别测定第二、三点试样的圆锥下沉深度及相应的含水率。液塑限联合测定应不少于三点。

3.3.5 注意事项

(1) 三点的圆锥入土深度宜为 3~4 mm、7~9 mm、15~17 mm。

(2) 土样分层装杯时,注意土中不能留有空隙。

(3) 每种含水率设 3 个测点,取平均值作为这种含水率所对应土的圆锥入土深度,如 3 点下沉深度相差太大，则必须重新调试土样。

3.3.6 计算与绘图

(1) 计算各式样的含水率，计算公式与含水率试验相同。

(2) 绘制圆锥下沉深度 h 与含水量 ω 的关系曲线。以含水率为横坐标，圆锥入土深度为纵坐标在双对数坐标纸上绘制关系曲线图，如图 3-3 所示。三点应在一直线上如图 3-3 中 A 线。当三点不在一直线上时，通过高含水率的点和其余两点连成二条直线，在下沉为 2 mm 处查得相应的 2 个含水率，当两个含水率的差值小于 2%时，应以两点含水率的平均值与高含水率的点连一直线如图 3-3 中 B 线，当两个含水率的差值大于或等于 2%时，应重做试验。

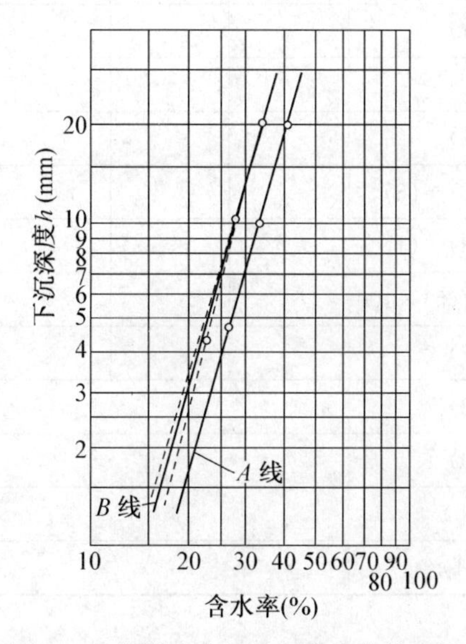

图 3-3　圆锥入土深度与含水率关系图

(3) 在含水率与圆锥下沉深度的关系图上查得下沉深度为 17 mm 所对应的含水率为液限，查得下沉深度为 2 mm 所对应的含水率为塑限，取值以百分数表示，精确至 0.1%。

(4) 按式(3-3)、式(3-4)分别计算塑性指数及液性指数。

$$I_P = \omega_L - \omega_P \tag{3-3}$$

$$I_L = \frac{\omega_0 - \omega_P}{I_P} \tag{3-4}$$

式中：I_P、I_L——分别为塑性指数和液性指数，计算至 0.01；

ω_P、ω_L——分别为塑限和液限，%；

ω_0——天然含水率，%。

3.3.7 试验记录

表 3-3 液塑限联合试验记录表

工程名称＿＿＿＿＿＿＿＿ 试验者＿＿＿＿＿＿＿＿

土样说明＿＿＿＿＿＿＿＿ 计算者＿＿＿＿＿＿＿＿

试验日期＿＿＿＿＿＿＿＿ 校核者＿＿＿＿＿＿＿＿

试样编号							
圆锥下沉深度/mm							
盒号							
盒质量/g	(1)						
盒＋湿土质量/g	(2)						
盒＋干土质量/g	(3)						
水质量/g	(4)＝(2)－(3)						
干土质量/g	(5)＝(3)－(1)						
含水率/％	(6)＝(4)/(5)×100						
平均含水率/％	(7)						
液限	(8)						
塑限	(9)						
塑性指数	(10)						
液性指数	(11)						

第4章 颗粒分析试验

颗粒分析试验是测定土中各粒组含量占该土总质量的百分数，其目的在于定量地说明土的颗粒级配。因为土的颗粒大小、级配和粒组含量是土的工程分类的重要依据。土粒大小与土的矿物组成、力学性质、形成环境等有直接联系，所以土颗粒大小是土的重要特征，颗粒分析试验为土的工程分类及概略判断土的工程性质和材料选用提供了依据，其结果的准确性影响了土工建筑物设计方案的选择及其稳定性。

对粒径大于0.075 mm的土颗粒常采用筛分法进行分析，对粒径小于0.075 mm的土颗粒常采用密度计法进行分析。

4.1 试验原理

土的颗粒分析就是通过试验方法，对天然土的各种粒度成分加以定量确定，即测定干土中各种粒组所占该土总重的百分数，并在半对数坐标纸上绘制颗粒级配曲线，从曲线上可得到两个常用指标——不均匀系数 C_u 和曲率系数 C_c。

4.2 试验方法

(1) 筛分法。适用于粒径小于等于60 mm，大于0.075 mm的土。

(2) 密度计法。适用于粒径小于0.075 mm的试样。

(3) 移液管法。适用于粒径小于0.075 mm的试样。

本书主要介绍筛分法，即密度计法。

4.3 筛分法

1. 基本原理

筛分法就是将土样通过各种不同孔径的筛子，并按筛子孔径的大小将颗粒加以分组，然后再称量，并计算出各个粒组占总量的百分数。筛分法是测定土的颗粒组成最简单的一种试验方法，适用于粒径小于等于60 mm，大于0.075 mm的土。

2. 仪器设备

(1) 分析筛

① 粗筛，孔径为60、40、20、10、5、2 mm；

② 细筛，孔径为2.0、1.0、0.5、0.25、0.075 mm。

(2) 天平

称量 5 000 g，最小分度值 1 g；称量 1 000 g，最小分度值 0.1 g；称量 200 g，最小分度值 0.01 g。

振筛机筛析过程中应能上下振动、水平转动。

其他：烘箱、研钵、瓷盘、毛刷等。

3. 操作步骤

先用风干法制样，然后从风干松散的土样中，按表 4-1 称取有代表性的试样，称量应精确至 0.1 g；当试样质量超过 500 g 时，称量应精确至 1 g。

表 4-1 筛析法取样质量

颗粒尺寸(mm)	取样质量(g)
<2	100～300
<10	300～1 000
<20	1 000～2 000
<40	2 000～4 000
<60	4 000 以上

(1) 无黏性土

① 将按表 4-1 称取的试样过孔径为 2 mm 的筛，分别称出留在筛子上和已通过筛子孔径的筛子下试样质量。当筛下的试样质量小于试样总质量的 10%时，不作细筛分析；当筛上的试样质量小于试样总质量的 10%时，不作粗筛分析。

② 取 2 mm 筛上的试样倒入依次叠好的粗筛的最上层中，进行粗筛筛析，然后再取 2 mm 筛下的试样倒入依次叠好的细筛最上层筛中，进行细筛筛析，进行振筛，振筛时间一般为 10～15 min。

③ 按由最大孔径的筛开始，按顺序将各筛取下，称量留在各级筛上及底盘内试样的质量，精确至 0.1 g。

④ 筛后各级筛上及底盘内试样质量的总和与筛前试样总质量的差值，不得大于试样总质量的 1%。

(2) 含有细粒土颗粒的砂土

① 将按表 4-1 称取的代表性试样置于盛有清水的容器中，用搅棒充分搅拌，使试样的粗细颗粒完全分离。

② 将容器中的试样悬液通过 2 mm 筛，取留在筛上的试样烘至恒重，并称烘干试样质量，精确到 0.1 g。

③ 将粒径大于 2 mm 的烘干试样倒入依次叠好的粗筛的最上层筛中，进行粗筛筛析。按由最大孔径的筛开始，按顺序将各筛取下，称留在各级筛上及底盘内试样的质量，精确至 0.1 g。

④ 取通过 2 mm 筛下的试样悬液，用带橡皮头的研杆研磨，然后再过 0.075 mm 筛，并留在 0.075 mm 筛上的试样至恒量，称烘干试样质量，精确至 0.1 g。

⑤ 将粒径大于 0.075 mm 的烘干试样倒入依次叠好的细筛最上层筛中，进行细筛筛析。将细筛置于振筛机上进行振筛，振筛时间一般为 10～15 min。

⑥ 当粒径小于 0.075 mm 的试样质量大于试样总质量的 10%时，应采用密度计法或移液管法测定小于 0.075 mm 的颗粒组成。

4. 成果整理

(1) 计算《土的分类标准》(GB/T 50145—2007)规定小于某粒径的试样质量占试样总质量的百分比计算公式为

$$X=\frac{m_A}{m_B}\cdot d_X \tag{4-1}$$

式中：X——小于某粒径的试样质量占试样总质量的百分比，%；

m_A——小于某粒径的试样质量，g；

m_B——细筛分析所取的试样质量，粗筛分析时为试样总质量，g；

d_X——粒径小于 2 mm 的试样占试样总质量的百分比，%。

(2) 制图。以小于某粒径的试样质量占试样总质量的百分比为纵坐标，颗粒粒径为横坐标，在半对数坐标纸上绘制颗粒大小分布曲线，参考图 4-1。

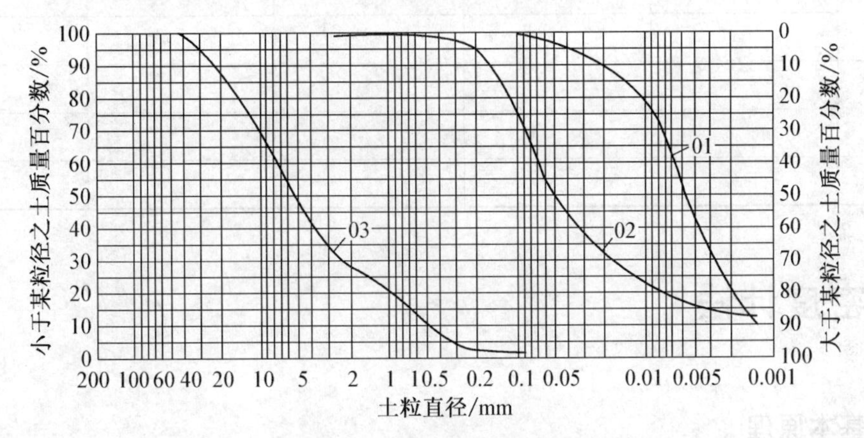

图 4-1　颗粒大小分布曲线

由颗粒级配曲线确定级配指标：

不均匀系数计算公式为

$$C_u=\frac{d_{60}}{d_{10}} \tag{4-2}$$

曲率系数计算公式为

$$C_c=\frac{d_{30}^2}{d_{60}\cdot d_{10}} \tag{4-3}$$

式中：d_{60}——限制粒径，颗粒大小分布曲线上的某粒径，小于该粒径的土含量占总质量的 60%；

d_{10}——有效粒径，颗粒大小分布曲线上的某粒径，小于该粒径的土含量占总质量的 10%；

d_{30}——中值粒径，颗粒大小分布曲线上的某粒径，小于该粒径的土含量占总质量的 30%。

5. 试验记录如表 4-2 所示

表 4-2 颗粒大小分析试验记录表(筛分法)

工程名称__________ 试验者__________
土样说明__________ 计算者__________
试验日期__________ 校核者__________

风干土质量= g　小于 0.075 mm 的土占总土质量的百分数= %
2 mm 筛上土质量= g　小于 2 mm 的土占总土质量的百分数 d_x= %
2 mm 筛下土质量= g　细筛分析时所取试样质量= g

筛号	孔径/mm	累积留筛土质量/g	小于该孔径的土质量/g	小于该孔径的土质量百分数/%	小于该孔径的总土质量百分数/%
底盘总计					

4.4 密度计法

4.4.1 基本原理

密度计法是依据司笃克斯定律进行测定的。当土粒在液体中靠自重下沉时，较大的颗粒下沉较快，而较小的颗粒下沉较慢。一般认为，对于粒径为 0.2～0.002 mm 的颗粒，在液体中靠自重下沉时，作等速运动，这符合司笃克斯定律。密度计法是沉降分析法的一种，只适用于粒径小于 0.075 mm 的试样。

用密度计法进行颗粒分析须作三个假定：

(1) 司笃克斯定律能适用于用土样颗粒组成的悬液。

(2) 试验开始时，土的颗粒均匀地分布在悬液中。

(3) 所采用量筒的直径较比重计直径大得多。

密度计法是将一定量的土样(粒径<0.075 mm)放在量筒中，然后加纯水，经过搅拌，使土的大小颗粒在水中均匀分布，制成一定量的均匀浓度的土悬液(1 000 mL)。静置悬液，让土粒沉降，在土粒下沉过程中，用密度计测出悬液中对应不同时间的不同悬液密度，根据密度计读数和土粒下沉时间，即可计算出粒径小于某一粒径 d(mm)的颗粒占土样的百分数。

4.4.2 仪器设备

(1) 密度计。甲种密度计的刻度为 $-5°$～$50°$，最小分度为 $0.5°$。

乙种密度计的刻度为0.995°～1.020°，最小分度值为0.000 2°。

(2) 量筒。内径约为60 mm，容积为1 000 mL，刻度0～1 000 mL，准确至10 mL。

(3) 洗筛。孔径为0.075 mm。

(4) 洗筛漏斗。上口直径大于洗筛直径，下口直径略小于量筒内径。

(5) 天平。称量1 000 g，最小分度值为0.1 g；称量200 g，最小分度值为0.01 g。

(6) 搅拌器。轮径50 mm，孔径3 mm，杆长450 mm，带螺旋叶。

(7) 煮沸设备。附冷凝管装置。

(8) 温度计。刻度为0～50°，最小分度值为0.5℃。

(9) 试剂。4%六偏磷酸钠溶液，5%酸性硝酸银溶液，5%酸性氯化钡溶液。

(10) 其他。烘箱、锥形瓶(容积500 mL)，研钵，木杵，电导率仪等。

4.4.3 操作步骤

(1) 试验试样宜采用风干试样，当试样中易溶盐含量大于0.5%时，应洗盐，易溶盐含量的检验方法可用电导法或目测法。

(2) 称取具有代表性风干试样200～300 g，过2 mm筛，求出筛上的试样质量占总质量的百分比，取筛下土测定试样风干含水率。

(3) 称取干土质量为30 g的风干试样。30 g干土质量的风干试样质量按照下式计算：

当易溶盐含量小于1%时，

$$m_0 = 30 \times (1 + 0.01 w_0) \tag{4-4}$$

当易溶盐含量大于或等于1%时，

$$m_0 = \frac{30 \times (1 + 0.01 w_0)}{1 - 0.01 W} \tag{4-5}$$

式中：w_0——试样风干含水率；

W——易溶盐含量。

(4) 将风干试样或洗盐后在滤纸的试样倒入500 mL锥形瓶，注入200 mL纯水，浸泡过夜，然后置于煮沸设备上煮沸，煮沸时间宜为40 min。

(5) 将冷却后的悬液移入烧杯，静置1 min，通过洗筛漏斗将上部悬液过0.075 mm筛，遗留杯底沉淀物用带橡皮头的研杵研散，再加适量水搅拌，静置1 min，再将上部悬液过0.075 mm筛，如此重复倾洗(每次倾洗最后所得悬液不得超过1 000 mL)，直至杯底砂粒洗净，将筛上和杯中砂粒合并洗入蒸发皿，倾去清水，烘干，称烘干试样质量，按照筛分法进行细筛分析。

(6) 将过筛悬液倒入量筒，加入4%六偏磷酸钠溶液10 mL(对加入六偏磷酸钠溶液后仍产生凝聚的试样，应选用其他分散剂)，再注入纯水至1 000 mL。

(7) 将搅拌器放入量筒中，沿悬液上下搅拌1 min，取出搅拌器，立即开动秒表，将密度计放入悬液中，测量并记录0.5，2，5，15，30，60，120，1 440 min时的密度计读数。每次读数均应在预定时间前10～20 s，将密度计小心地放入悬液中，保持密度计浮泡处在量筒中心，不得贴近量筒内壁。

(8) 密度计读数均以弯液面上缘为准。甲种密度计应准确至0.5，乙种密度计应准确至0.000 2。每次读数后，应取出密度计放入盛有纯水的量筒中，并测定相应的悬液温度，精确至0.5℃，放入或取出密度计时，应小心轻放，不得扰动悬液。

4.4.4 成果整理

1. 计算

小于某粒径的试样质量占试样总质量的百分比计算公式如下：

(1) 甲种密度计

$$m_0=\frac{100}{m_d}C_S(R+m_T+n-C_D) \tag{4-6}$$

式中：m_0——小于某粒径的试样质量占试样总质量的百分比，%；

m_d——试样干土质量，g；

C_S——土粒比重校正值，可由表 4-3 查得；

m_T——悬液温度校正值，可由表 4-4 查得；

n——弯液面校正值；

C_D——分散剂校正值；

R——甲种密度计读数。

表 4-3 土粒比重校正值

土粒比重	甲种密度计比重校正值 C_S	乙种密度计比重校正值 $C_{S'}$	土粒比重	甲种密度计比重校正值 C_S	乙种密度计比重校正值 $C_{S'}$
2.50	1.038	1.666	2.70	0.989	1.588
2.52	1.032	1.658	2.72	0.985	1.581
2.54	1.027	1.649	2.74	0.981	1.575
2.56	1.022	1.641	2.76	0.977	1.568
2.58	1.017	1.632	2.78	0.973	1.562
2.60	1.012	1.625	2.80	0.969	1.556
2.62	1.007	1.617	2.82	0.965	1.549
2.64	1.002	1.609	2.84	0.961	1.543
2.66	0.998	1.603	2.86	0.958	1.538
2.68	0.993	1.595	2.88	0.954	1.532

表 4-4 悬液温度校正值

悬液温度 /℃	甲种密度计比重校正值 m_T	乙种密度计比重校正值 m'_T	悬液温度 /℃	甲种密度计比重校正值 m_T	乙种密度计比重校正值 m'_T
10.0	−2.0	−0.001 2	20.5	+0.1	+0.000 1
10.5	−1.9	−0.001 2	21.0	+0.3	+0.000 2
11.0	−1.9	−0.001 2	21.5	+0.5	+0.000 3
11.5	−1.8	−0.001 1	22.0	+0.6	+0.000 4
12.0	−1.8	−0.001 1	22.5	+0.8	+0.000 5

（续表）

悬液温度/℃	甲种密度计比重校正值 m_T	乙种密度计比重校正值 m'_T	悬液温度/℃	甲种密度计比重校正值 m_T	乙种密度计比重校正值 m'_T
12.5	−1.7	−0.0010	23.0	+0.9	+0.000 6
13.0	−1.6	−0.001 0	23.5	+1.1	+0.000 7
13.5	−1.5	−0.000 9	24.0	+1.3	+0.000 8
14.0	−1.4	−0.000 9	24.5	+1.5	+0.000 9
14.5	−1.3	−0.000 8	25.0	+1.7	+0.001
15.0	−1.2	−0.000 8	25.5	+1.9	+0.001 1
15.5	−1.1	−0.000 7	26.0	+2.1	+0.001 3
16.0	−1.0	−0.000 6	26.5	+2.2	+0.001 4
16.5	−0.9	−0.000 6	27.0	+2.5	+0.001 5
17.0	−0.8	−0.000 5	27.5	+2.6	+0.001 6
17.5	−0.7	−0.000 4	28.0	+2.9	+0.001 8
18.0	−0.5	−0.000 3	28.5	+3.1	+0.001 9
18.5	−0.4	−0.000 3	29.0	+3.3	+0.002 1
19.0	−0.3	−0.000 2	29.5	+3.5	+0.002 2
19.5	−0.1	−0.000 1	30.0	+3.7	+0.002 3
20.0	0.0	0.000 0			

表 4－5　不同温度下水的密度

温度/℃	水的密度/(g/cm³)	温度/℃	水的密度/(g/cm³)	温度/℃	水的密度/(g/cm³)
4.0	1.000 0	15.0	0.999 1	26.0	0.996 8
5.0	1.000 0	16.0	0.998 9	27.0	0.996 5
6.0	0.999 9	17.0	0.998 8	28.0	0.996 2
7.0	0.999 9	18.0	0.998 6	29.0	0.995 9
8.0	0.999 9	19.0	0.998 4	30.0	0.995 7
9.0	0.999 8	20.0	0.998 2	31.0	0.995 3
10.0	0.999 7	21.0	0.998 0	32.0	0.995 0
11.0	0.999 6	22.0	0.997 8	33.0	0.994 7
12.0	0.999 5	23.0	0.997 5	34.0	0.994 4
13.0	0.999 4	24.0	0.997 3	35.0	0.994 0
14.0	0.999 2	25.0	0.997 0	36.0	0.993 7

(2) 乙种密度计

$$m_0=\frac{100V_X}{m_d}C'_S[(R'-1)+m'_T+n'-C'_D]\cdot\rho_{w20} \tag{4-7}$$

式中：C'_S——土粒比重校正值，可由表 4-3 查得；

m'_T——悬液温度校正值，可由表 4-4 查得；

n'——弯液面校正值；

C'_D——分散剂校正值；

R'——乙种密度计读数；

V_X——悬液体积(1 000 mL)；

ρ_{w20}——20℃时纯水的密度(0.998 232 g/cm³)，可由表 4-5 查得；

其他符号意义同前。

试样颗粒粒径计算公式为

$$d=\sqrt{\frac{1\,800\times10^4\times\eta}{(G_S-G_{wT})\rho_w g}\times\frac{L}{t}} \tag{4-8}$$

式中：d——试样颗粒粒径，mm；

η——水的动力黏滞系数，$\times10^{-6}$ kPa·s，可由表 4-6 查得；

G_{wT}——T℃时水的比重；

ρ_w——4℃时纯水的密度，g/cm³，可由表 4-5 查得；

L——某一时间内的土粒沉降距离，cm；

t——沉降时间，s；

g——重力加速度，cm/s²。

2. 制图

绘制颗粒大小分布曲线，可参照筛分法。

表 4-6　水的动力黏滞系数、黏滞系数比、温度校正值

温度/℃	动力黏滞系数 η /($\times10^{-6}$ kPa·s)	η_T/η_{20}	温度校正值/T_P	温度/℃	动力黏滞系数 η/($\times10^{-6}$ kPa·s)	η_T/η_{20}	温度校正值/T_P
5.0	1.516	1.501	1.17	17.5	1.074	1.063	1.66
5.5	1.498	1.483	1.19	18.0	1.061	1.050	1.68
6.0	1.470	1.455	1.21	18.5	1.048	1.038	1.70
6.5	1.449	1.435	1.23	19.0	1.035	1.025	1.72
7.0	1.428	1.414	1.25	19.5	1.022	1.012	1.74
7.5	1.407	1.393	1.27	20.0	1.010	1.000	1.76
8.0	1.387	1.373	1.28	20.5	0.998	0.988	1.78
8.5	1.367	1.353	1.30	21.0	0.986	1.966	1.80
9.0	1.347	1.334	1.32	21.5	0.974	0.964	1.83
9.5	1.328	1.315	1.34	22.0	0.968	0.958	1.85
10.0	1.310	1.297	1.36	22.5	0.952	0.943	1.87

（续表）

温度/℃	动力黏滞系数 η /($\times 10^{-6}$kPa·s)	η_T/η_{20}	温度校正值/T_P	温度/℃	动力黏滞系数 η/($\times 10^{-6}$kPa·s)	η_T/η_{20}	温度校正值/T_P
10.5	1.292	1.279	1.38	23.0	0.941	0.932	1.89
11.0	1.274	1.261	1.40	24.0	0.919	0.910	1.94
11.5	1.256	1.244	1.42	25.0	0.899	0.890	1.98
12.0	1.239	1.227	1.44	26.0	0.879	0.870	2.03
12.5	1.223	1.211	1.46	27.0	0.859	0.850	2.07
13.0	1.206	1.194	1.48	28.0	0.841	0.833	2.12
13.5	1.188	1.176	1.50	29.0	0.823	0.815	1.16
14.0	1.175	1.163	1.52	30.0	0.806	0.798	2.21
14.5	1.160	1.149	1.54	31.0	0.789	0.781	2.25
15.0	1.144	1.133	1.56	32.0	0.773	0.765	2.30
15.5	1.130	1.119	1.58	33.0	0.757	0.750	2.34
16.0	1.115	1.104	1.60	34.0	0.742	0.735	2.39
16.5	1.101	1.090	1.62	35.0	0.727	0.720	2.43
17.0	1.088	1.077	1.64				

当密度计法与筛分法联合分析时，应将试样总质量折算后绘制颗粒大小分布曲线，并应将两段曲线连成一条平滑的曲线。

根据需要由颗粒级配曲线确定级配指标不均匀系数和曲率系数。

4.4.5　试验记录

如表 4-7 所示为颗粒大小分析试验记录表（密度计法）。

表 4-7　颗粒大小分析试验记录表(密度计法)

小于 0.075 mm 的土占总土质量的百分数=________　　干土总质量________
湿土质量=________　　密度计号________
含水率=________　　量筒号________
干土质量=________　　烧瓶号________
含盐量=________　　土粒比重________
试样处理说明=________　　比重校正值________
风干土质量=________　　弯液面校正值________

试验时间	下沉时间/min	悬液温度/℃	密度计读数					土粒落距 L/cm	粒径 d/mm	小于某粒径的土质量百分数/%	小于某粒径的总土质量百分数/%
			密度计读数 R	温度校正 m_T/g	分散剂校正值 C_D	$R_M=R+m_T+n-C_D$	$RH=R_M\times C_G$				

第 5 章　击实试验

5.1　概述

在工程建设中经常遇到填土压实的问题，比如修筑道路、堤坝、飞机场、运动场、挡土墙及建筑物的回填等。未经压实的填土孔隙多、强度低、压缩量大，不能直接作为土工构筑物或地基，必须按照一定标准，采用重锤夯实、机械碾压或振动等方法分层击实。

击实试验的目的就是利用标准化的击实仪器和规定的标准方法，测出扰动土的最大干密度和最优含水率，借此了解土的压实特性，为工程设计和现场施工碾压提供土的压实性资料。

5.1.1　土的压实性

土的压实性是利用重复性的冲击动荷载将土压密。土的压实程度与含水率、压实能和压实方法有着密切的关系。当压实功和压实方法确定时，土的干密度先是随着含水率的增加而增加；但当干密度达到某一值后，含水率的增加反而使干密度减小。击实试验就是利用标准化的锤击试验装置获得土的含水率与干密度之间的关系曲线，从而得到最大干密度和最优含水率的一种试验方法。土达到最大干密度时的含水率称为最优含水率，用 w_{op} 表示，其相对应的干密度称为最大干密度，用 $\rho_{d\max}$ 表示。因为细粒土在低含水率时，颗粒表面结合水膜薄，摩擦力大，不易压实；当含水率逐渐增大时，颗粒表面结合水膜逐渐变厚，水膜之间的润滑作用也增大，因而颗粒表面之间摩擦力相应地减小，在外力作用下，土粒易于移动，容易压实；而继续增加含水量，只会增加土的孔隙体积，使干密度相应降低。影响土压实性的因素很多，包括土的含水率、土类及颗粒级配、压实功、毛细管压力以及孔隙水压力等，其中前三种属于主要影响因素。

5.1.2　土的压实度

土的压实度指的是施工现场压实时要求达到的干密度 ρ_d 与室内击实试验所得到的最大干密度 $\rho_{d\max}$之比，可以用 λ_c 表示，按式(5－1)计算

$$\lambda_c=\frac{\rho_d}{\rho_{d\max}}\times100\% \tag{5-1}$$

最大干密度是评价土的压实度的一个重要指标，它的大小直接决定现场填土的压实质量是否符合施工技术规范的要求。未经压实松软的干密度为 1.12～1.33 g/cm^3，经压实后可达 1.58～1.83 g/cm^3，一般填土压实后约为 1.63～1.73 g/cm^3。

5.2 击实试验方法

5.2.1 击实试验方法种类

室内击实试验是研究土压实性的基本方法，是填土工程不可或缺的重要试验项目。土的击实试验分为轻型击实试验和重型击实试验两类，表 5-1 是我国国标的击实试验方法和仪器设备的主要技术参数。具体选用应根据工程实际情况而定。

表 5-1　击实试验方法种类规格表

试验方法	锤底直径(mm)	锤质量(kg)	落高(mm)	击实筒尺寸			护筒高度(mm)	层数	每层击数	锤击能(kJ/m³)	最大粒径(mm)
				内径(mm)	筒高(mm)	容积(cm³)					
轻型	51	2.5	305	102	116	947.4	≥50	3	25	592.2	5
重型	51	4.5	457	152	116	2 103.9	≥50	5	56	2 684.9	40

轻型击实试验分 3 层击实，每层 25 击；重型击实试验若分 5 层击实，每层 56 击，若分 3 层击实，每层 94 击。

轻型击实试验适用于粒径小于 5 mm 的黏性土；重型击实试验适用于粒径不大于 20 mm 的土，采用 3 层击实时，最大粒径不大于 40 mm。

5.2.2 主要仪器设备

(1) 击实仪(尺寸参数如表 5-1 所示)：由击实筒(如图 5-1 所示)、击锤(如图 5-2 所示)和护筒组成。

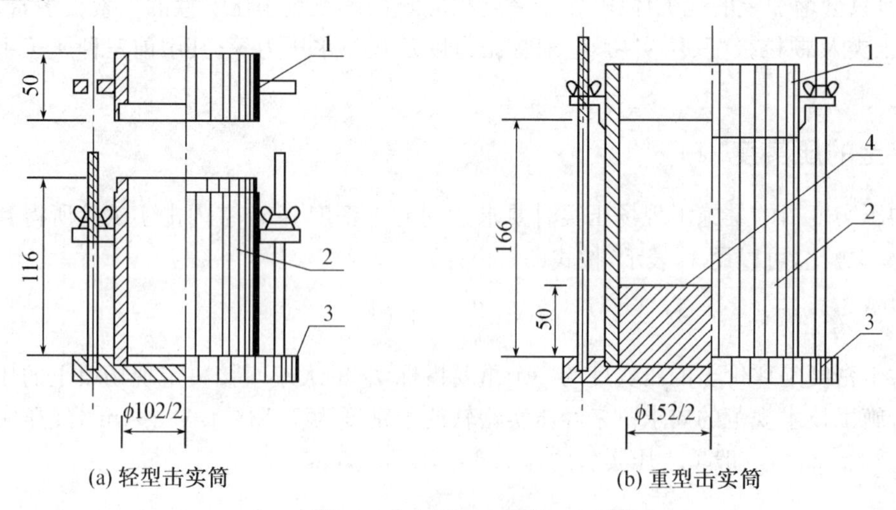

(a) 轻型击实筒　　(b) 重型击实筒

1—套筒；2—击实筒；3—底板；4—垫块

图 5-1　击实筒(单位:mm)

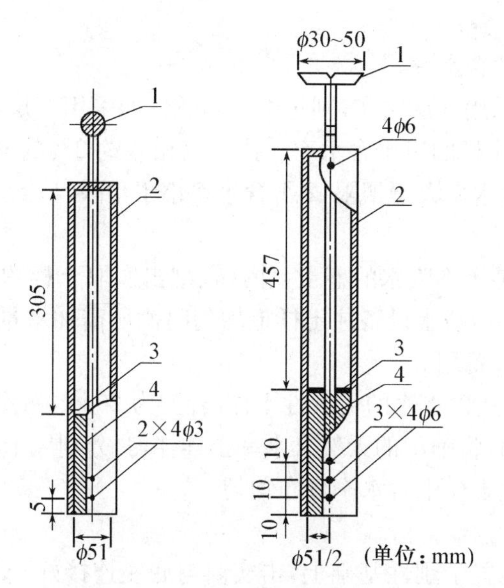

1—提手；2—导筒；3—硬橡皮垫；4—击锤

图 5-2　击锤和导筒(单位：mm)

(2) 击实仪的击锤应配导筒，击锤与导筒应有足够的间隙使锤能下落；电动操作的击锤必须有控制落距的跟踪装置和锤击点按照一定角度(轻型 53.5°，重型 45°)均匀分布的装置(重型击实仪中心点每圈要加一击)。

(3) 天平。称量 200 g，最小分度值为 0.01 g；称量 5 000 g，最小分度值为 1.0 g。

(4) 台秤。称量 10 g，最小分度值为 5 g。

(5) 标准筛。孔径为 40，20，5 mm。

(6) 试样推出器。宜用螺旋式千斤顶或液压千斤顶。

(7) 其他。电热烘箱，喷水设备，碾土器，盛土盘，量筒，称量盒，修土刀，保湿器，塑料袋，润滑油等。

5.2.3　操作步骤

1. 试样设备

试样分干法制备和湿法制备两种。

(1) 干法制备。称取有代表性的风干土样，对于轻型击实试验为 20 kg，对于重型击实试验为 50 kg。

① 将风干土样用碾土器碾散后，轻型击实后过 5 mm 筛，并将筛下的土样拌匀，并测定土样的风干含水率。根据土的塑限预估最优含水率，按依次相差约 2%的含水率制备一组(不少于 5 个)试样，其中应有 2 个含水率大于塑限，2 个含水率小于塑限，1 个含水率接近于塑限，并按式(5-2)计算应加水量。

$$m_w=\frac{m}{1+0.01w_0}\times 0.01(w-w_0) \tag{5-2}$$

式中：m_w——土样所需加水质量，g；

m——风干含水率时的土样质量，g；

w_0——风干含水率，%；

w——土样所要求的含水率，%。

② 重型击实试验若采用5层击实，则过20 mm筛；如采用3层击实，则过40 mm筛。将筛下的土样拌匀，并测定土样的风干含水率。按依次相差约2%的含水率制备一组(不少于5个)试样，其中应有2个含水率大于塑限，2个含水率小于塑限，1个含水率接近于塑限，并按式(5-2)计算应加水量。

③ 将一定量土样平铺于不吸水的盛土盘内(轻型击实取土样约2.5 kg，重型击实取土样约5.0 kg)，按预定含水率用喷水设备往土样上均匀喷洒所需加水量，拌匀并装入塑料袋内或密封于盛土器内静置24 h备用。

(2) 湿法制备。取天然含水率的代表性土样(轻型为20 kg，重型为50 kg)碾散，按重型击实和轻型击实的要求过筛，将筛下的天然含水率土样拌匀，分别风干或加水到所要求的不同含水率。制备试样时必须使土样中含水率分布均匀。

2. 试样击实

(1) 将击实仪平稳地置于刚性基础上，击实筒与底座连接好，安装好护筒，在击实筒内壁均匀地涂上一层润滑油。检查仪器各部件及配套设备的性能是否正常，并作好记录。

(2) 从制备好的一份试样中称取一定量土料，对于分3层击实的轻型击实法，每层土料的质量为600～800 g(其量应使击实后试样的高度略高于击实筒的1/3)，倒入击实筒内，并将土面整平，每层25击，分层击实。对于分5层击实的重型击实法，每层土料的质量宜为900～1 100 g(其量应使击实后的试样高度略高于击实筒的1/5)，每层56击；若分3层击实的重型击实法，每层土料的质量宜为1 700 g左右，每层94击。如为手工击实，应保证击锤自由铅直下落，锤击点必须均匀地分布于土面上；如为机械击实，可将定数器拨到所需的击数处，按动电钮进行击实。击实后的每层试样高度应大致相等，两层交接的土面应刨毛。击实完成后，超出击实筒顶的试样高度应小于6 mm。

(3) 用修土刀沿护筒内壁削挖后，扭动并取下护筒，沿击实筒顶细心修平试样，拆除底板。若试样底面超出筒外，也应修平。擦净筒外壁，称筒与试样的总质量，精确至1.0 g，并计算试样的湿密度。

(4) 用推土器从击实筒内推出试样，从试样中心处取下两个代表性试样，测定含水率(轻型为15～30 g，重型为50～100 g)，两个含水率的差值应不大于1%。

(5) 按照上述步骤对其他含水率的试样进行击实试验。

5.2.4 成果整理

1. 计算

(1) 按式(5-3)计算击实后各试样的含水率：

$$w=\left(\frac{m}{m_d}-1\right)\times 100 \tag{5-3}$$

式中：w——含水率，%；

m——湿土质量，g；

m_d——干土质量，g。

(2) 按式(5-4)计算击实后各试样的干密度：

$$\rho_d=\frac{\rho}{1+0.01w} \tag{5-4}$$

式中：ρ_d——干密度，g/cm³；

ρ——湿密度，g/cm³；

w——含水率，%。

密度计算至 0.01 g/cm³。

(3) 按式(5-5)计算土的饱和含水率：

$$\omega_{sat}=\left(\frac{\rho_w}{\rho_d}-\frac{1}{G_s}\right)\times 100 \tag{5-5}$$

式中：w_{sat}——饱和含水率，%；

G_s——土粒比重；

ρ_d——土的干密度，g/cm³；

ρ_w——水的密度，g/cm³。

2. 制图

(1) 以干密度为纵坐标，含水率为横坐标，绘制干密度与含水率的关系曲线图。曲线上峰值点的纵、横坐标分别代表土的最大干密度和最优含水率，如图5-3所示，如果曲线不能给出峰值点，应进行补点试验或重做试验。击实试验一般不宜重复使用土样，以免影响准确性(重复使用土样会使最大干密度偏高)。

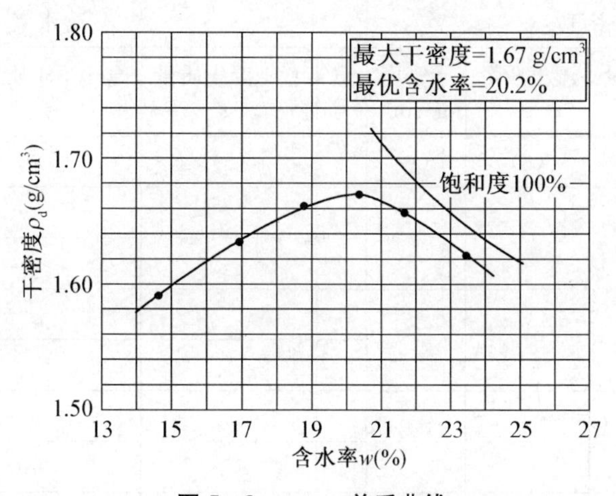

图5-3 ρ_d-w 关系曲线

(2) 按式(5-5)计算数个干密度下土的饱和含水率。在图5-3上绘制饱和曲线。

3. 校正

轻型击实试验中，当粒径大于5 mm的颗粒含量小于等于30%时，应对最大干密度和最优含水率进行校正。

(1) 最大干密度按下式(5-6)进行校正，计算至0.1 g/cm³。

$$\rho'_{d\max}=\frac{1}{\dfrac{1-P}{\rho_{d\max}}+\dfrac{P}{G_{s2}\rho_w}} \tag{5-6}$$

式中：$\rho'_{d\max}$——校正后试样的最大干密度，g/cm³；

$\rho_{d\max}$——击实试验的最大干密度，g/cm³；

ρ_w——水的密度，g/cm³；

P——粒径大于 5 mm 颗粒的含量(用小数表示)；

G_{s2}——粒径大于 5 mm 颗粒的干比重。系指当土粒呈饱和面干状态时的土粒总质量与相当于土粒总体积的纯水 4℃时质量的比值。计算至 0.01 g/cm³。

(2) 最优含水率应按下式(5-7)进行校正，计算至 0.1%。

$$w'_{op}=w_{op}(1-P)+Pw_2 \tag{5-7}$$

式中：ω'_{op}——校正后试样的最优含水率，%；

w_{op}——击实试样的最优含水率，%；

w_2——粒径大于 5 mm 土粒的吸着含水率，%。

P——粒径大于 5 mm 颗粒的含量(用小数表示)。

5.2.5 试验记录

表 5-2 击实试验记录表

工程名称________　　试验者________

土样说明________　　计算者________

试验日期________　　校核者________

土粒比重：　　每层击数：　　风干含水率：　　击实筒体积：　　估计最优含水率：

试验序号	干密度				含水率				
	筒质量 g	筒+土质量 g	湿土质量 g	干密度 g/cm³	盒号	盒+湿土质量 g	盒+干土质量 g	含水率 %	平均含水率 %
	(1)	(2)	(3)	(4)=		(5)	(6)	(7)	(8)
1									
2									
3									
4									

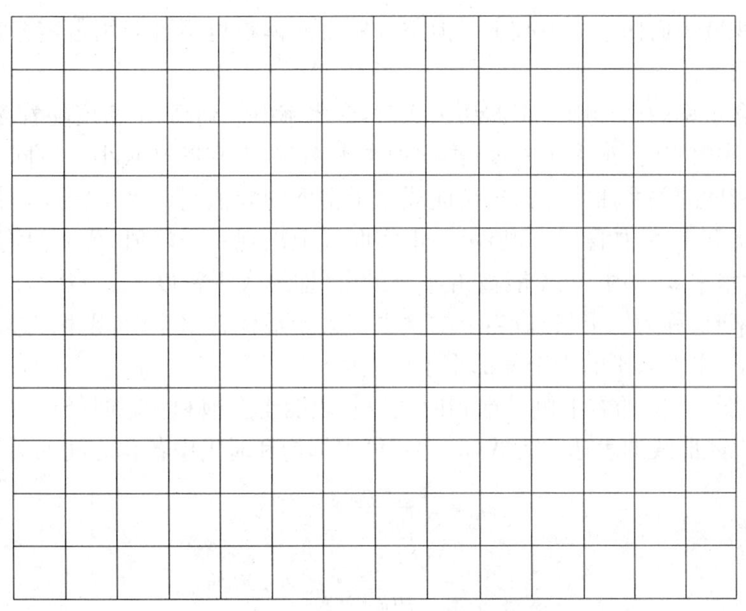

图 5－4　干密度与含水率的关系曲线

最大干密度(g/cm³)：　　　　　　　　最优含水率(%)：

5.2.6　注意事项

(1) 击实仪、天平和其他计算器具应按有关规定、规程进行检定。

(2) 击实筒应放在坚硬的地面上(如混凝土地面)，击实筒内壁和底板均需涂一薄层润滑油(如凡士林)。

(3) 击实仪的击锤应配导筒，击锤与导筒间应有足够的间隙使锤能自由下落。电动操作的击锤在试验前、后应对仪器的性能(特别对落距跟踪装置)进行检查并作记录。

(4) 击实一层后，用刮土刀把土样表面刮毛，使层与层之间压密。应控制击实筒余土高度小于 6 mm，否则试验无效。

(5) 检查击实试验曲线是否在饱和曲线左侧，且击实曲线的右边部分是否与饱和曲线接近平行。

(6) 使用电动击实仪，须注意安全。打开仪器电源后，手不能接触击实锤。

5.3　土的压实特性分析

工程实践经验表明，压实黏性土宜用夯击机具或压强较大的碾压机具，同时必须控制土的含水率，含水率太高、太低都得不到好的压实效果。压实无黏性土时，则采用振动机具，同时要充分洒水。两种不同的做法说明黏性土和无黏性土具有不同的压实性质。

1. 黏性土的压实性

土的击实是用机械方法将固体土粒聚集至更紧密的过程，从而可使土的干密度增加，这个过程不同于土的固结。土的固结是土在静力作用下，水从土体排出的过程；而击实是依靠土体内空气所占体积减小而使水分不减少。但空气所占的体积也不可能用击实办法完全排出，只能减少到最低限度。

制备不同含水率的试样用一定的功击实时，含水率由低到高，干密度随着含水率增加而增加，至某一含水率时，达到最大干密度；再增加含水率时，干密度又减小。在同一击实功下，不同含水率与干密度的关系曲线称为击实曲线。干密度的峰值叫最大干密度，对应最大干密度的含水率叫最优含水率，如图 5－3 所示。击实曲线上出现一个峰值，说明只有当含水率为某一值(即最优含水率 w_{op})时，土才能被击实至最密(即最大干密度 $\rho_{d\max}$)状态。当土的含水率小于最优含水率时，称为偏干状态；当土的含水率大于最优含水率时，则称为偏湿状态。在偏干或偏湿状态下，击实后土的干密度都小于最大值。

击实曲线(图 5－3)的右上侧是饱和曲线。它表明土在饱和状态时(Sr＝100％)含水率与干密度的关系。此曲线的表达式为式(5－8)，可根据饱和时土中各相之间的关系导出：

$$\begin{aligned}\omega_{sat}&=\frac{V_v\cdot\rho_w}{m_d}\times100\%\\&=\frac{V-V_d}{m_d}\cdot\rho_w\times100\%\\&=\left(\frac{1}{\rho_d}-\frac{1}{\rho_s}\right)\cdot\rho_w\times100\%\end{aligned}$$

$$\omega_{sat}=\left(\frac{\rho_w}{\rho_d}-\frac{1}{G_s}\right)\times100\% \tag{5-8}$$

式中：w_{sat}——饱和含水率，％；

V_v——孔隙的体积，cm^3；

ρ_w——4℃时纯水的密度，g/cm^3；

V——饱和土体的体积，cm^3；

m_d——干土的质量，g；

V_d——干土的体积，cm^3；

ρ_d——干密度，g/cm^3；

ρ_s——土颗粒密度，g/cm^3；

G_s——土颗粒比重。

饱和曲线即理论上能够得到的压实曲线，即在某一含水率下，将土压实到最密，理论上就是将土中所有的气体都从孔隙中赶走，使土达到饱和。实际上，击实曲线在峰值以右逐渐接近于饱和曲线，并且大体上与之平行。这是因为在任何含水率下，土都不会被击实至完全饱和状态，即击实后土内总留存一定量的封闭气体，故土是非饱和的。相应于最大干密度时饱和度在80％左右，因而可以利用饱和曲线是否与击实曲线相交来检验击实试验成果是否准确。土的最优含水率大小随着土的性质而异。试验结果表明，w_{op} 约在土的塑限 w_p 附近。有各种理论解释这种现象的机理，可以总结为：当含水率很小时，颗粒表面的水化膜很薄，要使颗粒相互移动，需要克服很大的粒间阻力，需要消耗很大的能量，这种阻力来源于毛细压力或结合水的剪切阻力；随着含水率增加，水化膜加厚，粒间阻力必然减小，颗粒自然容易移动；当含水率超过最优含水率 w_{op} 以后，水化膜继续增厚所引起的润滑作用已经不明显，这时土中的剩余空气已经不多，并且处于与大气隔绝的封闭状态，封闭空气很难全部被赶走，因此击实土不会达到完全饱和状态，击实曲线也不可能称为饱和曲线，而且总是位于饱和曲线的左边。由于黏性土的渗透性很小，在击实碾压过程中，土中水来不及渗透出来，压实过程中可以认为含水率保持不变，因此必然是超过最优含水率 w_{op} 以后，含水率越高，得到的压实干密度越小。

2. 无黏性土的压实性

砂和碎石等无黏性土的压实性也与含水率有关，但是不存在最优含水率的问题。一般在完全干燥或者充分洒水饱和状态下，由于毛细压力增加了粒间阻力，压实干密度显著降低。粗砂在含水率为4%～5%，中砂在含水率为7%左右时，压实干密度最小，如图5-5所示。所以在压实砂砾时，要充分洒水，使土料饱和，粗粒土的压实标准达到0.7以上。

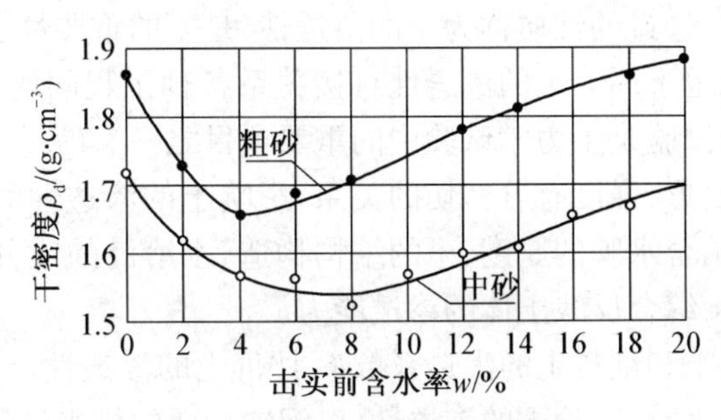

图5-5 细粒土的击实曲线

第6章　渗透试验

土是固体颗粒的集合体，是一种碎散的多孔介质。土固体颗粒之间存在孔隙，这些孔隙结构成为水的通道。土体孔隙中的自由水在压力差的作用下会发生运动，这种运动现象被称为渗流。土具有被水等流体透过的性质称为土的渗透性，是土的重要性质之一。不同类型的土，孔隙大小不同，渗透性能也不同。土的渗透性直接关系各种工程问题，例如基坑开挖排水、路基排水等，因而土的渗透试验是土力学试验中的重要项目之一。

土的渗透性与土的变形、强度有着密切的关系，影响土的渗透性的因素有多种，如土的粒度成分、土的矿物成分、结合水膜的厚度、土的结构构造、水溶液的成分及浓度及土中气体等。工程上通常用渗透系数 k 综合反映土体的渗透能力。

试验目的：测定粗粒土和细粒土的渗透系数 k，评价土的渗透性。工程上需要了解土的渗透性。例如，基坑开挖排水时，评价土的渗透性，以配置合适的排水设备；在河滩上修筑渗水路堤时，需要考虑路堤填料的渗透性；在进行饱和黏性土地基的沉降和时间计算时，需要掌握土的渗透性。因此，渗透系数是土的一项重要力学指标，是分析天然地基、堤坝和地基开挖边坡渗流稳定，确定堤坝断面和计算堤坝及地基渗流量的重要参数。

6.1　试验原理

水流动时，其中任一质点的运动轨迹称为流线。相邻两质点的流线互不相交，则水流称为层流；如流线相交，则水中出现漩涡，使水形成不规则状态，称为紊流。水在土内细微孔隙中的运动是层流还是紊流，是由流速大小决定的。当流速在某一界限内即为层流；如超出此界限，即为紊流。通常称此界限流速为临界流速，此临界流速与土的颗粒大小和孔隙率有关。水在土内微细孔隙中的临界流速常比实际流速大，因此在一般情况下，皆呈层流状态，而紊流情况常在均匀的粗砾、卵石中发生。早在19世纪中期，法国水力学家达西就给出了渗透的基本定律：均匀介质土中的水流流速较小时(此时相邻两个水分子运动的轨迹是相互平行的)，则渗透水流的流速 v 与水力梯度 i 成正比。水力梯度 $i=1$ 时的渗透速度为渗透系数。

达西定律表示为

$$v=ki \tag{6-1}$$

式中：v——渗流速度；

i——水力梯度(在土中任意两点间产生渗流时两点的水头差与两点间渗流长度之比，即 $i=\Delta H/\Delta L$，如图6-1所示)；

k——渗透系数。

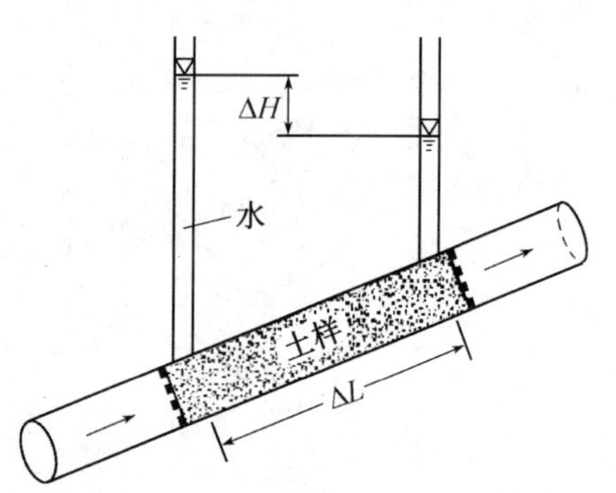

图6-1　水力梯度计算示意图

目前，室内和现场的各种渗透试验均以达西定律为基本理论依据。

6.2　常水头渗透试验

常水头渗透试验是使水流在一定的水头差 H 作用下通过土样，通过测定土样在一定时间内的渗透量来确定土的渗透系数。本试验方法适用于粗粒土。试验用水应采用实际作用于土中的天然水，如有困难，可用纯水(蒸馏水)，但在试验前，应用抽气法或沸煮法使其脱气，试验时的水温宜高于室温 3℃～4℃。

6.2.1　仪器设备

(1) 常水头渗透仪，如图 6-2 所示，其中封底圆筒高 40 cm，内径 10 cm，金属孔板距筒底 5～10 cm。

(2) 其他：天平，温度计，木锤，秒表，橡皮管，管夹，支架，吸水球等。

6.2.2　操作步骤

(1) 按照图 6-2 装好仪器，并检查各管路接头处是否漏水。将调节管和供水管连通，使水流入仪器底部至水位略高于金属孔板，关止水夹。

(2) 取具有代表性的风干土样 3～4 kg，精确至 1.0 g，测定其风干含水率。将风干土样分层装入圆筒内，每层 2～3 cm，根据要求的孔隙比，用木锤轻轻击实到一定厚度。当试样中含黏粒时，应在金属孔板上铺 2 cm 厚的粗砂作为过滤层，防止细粒流失。每层试样装完后，微开止水夹，从渗水孔向圆筒充水至试样顶面，使试样饱和。饱和时水流须缓慢，以免冲动土样。待试样饱和后，关上管夹。依上述步骤逐层装试样，最后一层试样应高出测压管 3～4 cm，并在试样顶面铺 2 cm 砾石作为缓冲层。当水面高出试样顶面时，应继续充水至溢水孔有水溢出，再关止水夹。

(3) 量试样顶面至筒顶高度，计算试样高度，称剩余土样的质量，计算试样质量，精确至 0.1 g。

(4) 静置数分钟后，检查测压管水位，当测压管与溢水孔水位不平时，说明试样中或测压管接头处有集气或漏气，需用吸水球对准水位低的测压管口进行吸水排气，以调整测压管水位，直至两者水位齐平。

(5) 将调节管提高至溢水孔以上，将调节管与供水管分开，并将供水管放入圆筒内，开止水夹，使水由顶部注入圆筒，降低调节管至试样上部 1/3 高度处，形成水位差使水渗入试样，经过调节管流出。调节供水管止水夹，使进入圆筒的水量多于溢出的水量，溢水孔始终有水溢出，保持圆筒内水位不变，试样处于常水头下渗透。

(6) 当测压管水位稳定后，测记水位，并计算各测压管之间的水位差。开动秒表，同时用量筒接取一定时间的渗透水量，并重复一次。接取渗出水量时，调节管口不得浸入水中，测量进水和出水处的水温，取平均值。

(7) 降低调节管至试样的中部和下部 1/3 处，按本条(5)、(6)的步骤重复测定渗出水量和水温，当不同水力坡降下测定的数据接近时，结束试验。

（8）根据工程需要，可以改变试样的孔隙比，进行渗透系数的测定。

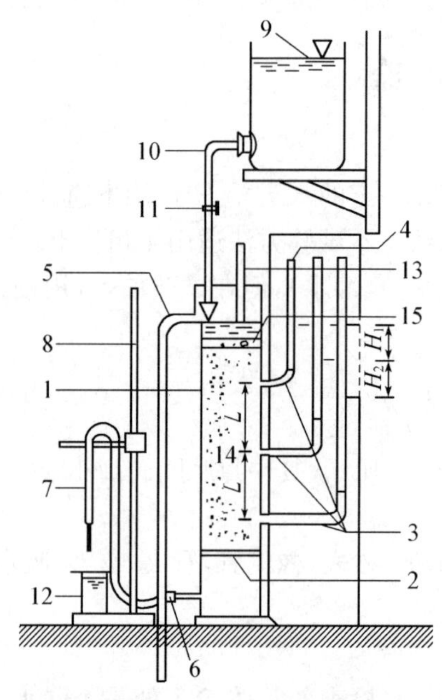

1—试样筒；2—金属孔板；3—侧压孔；4—玻璃测压管；5—溢水孔；6—渗水孔；7—调节管；8—滑动支架；9—供水管；10—供水管；11—止水夹；12—量筒；13—温度计；14—试样；15—砾石层

图 6-2　常水头渗透仪

6.2.3　结果整理

（1）计算试样的干密度及孔隙比

$$m_d=\frac{m}{1+0.01\omega} \tag{6-2}$$

$$\rho_d=\frac{m_d}{Ah} \tag{6-3}$$

$$e=\frac{\rho_w G_s}{\rho_d} \tag{6-4}$$

式中：m_d——试样的干质量，g；

m——风干试样总质量，g；

ω——风干试样的含水率，%；

ρ_d——试样干密度，g/cm³；

h——试样高度，cm；

A——试样断面积，cm²；

e——试样孔隙比；

G_s——土粒比重；

ρ_w——4℃时纯水的密度，g/cm³。

(2) 计算常水头渗透系数(精确至 1×10^{-4} cm/s)

$$k_T=\frac{QL}{AHt} \tag{6-5}$$

式中：k_T——水温 T℃时试样的渗透系数，cm/s；

Q——时间 t 秒内的渗透水量，cm^3；

L——两侧压孔中心间的试样高度，cm；

H——平均水位差，$H=(H_1+H_2)/2$(H_1，H_2 如图 6-2 所示)，cm；

t——时间，s。

(3) 以水温 20℃为标准温度，标准温度下的渗透系数

$$k_{20}=k_T\frac{\eta_T}{\eta_{20}} \tag{6-6}$$

式中：k_{20}——标准温度时试样的渗透系数，cm/s；

η_T——T℃时水的动力粘滞系数(kPa·s)；

η_{20}——20℃时水的动力粘滞系数(kPa·s)，如表 6-1 所示。

表 6-1　水的动力粘滞系数、粘滞系数比、温度校正值

温度/℃	动力粘滞系数 η_T/($\times10^{-6}$kPa·s)	η_T/η_{20}	温度校正值/T_p	温度/℃	动力粘滞系数 η_T/($\times10^{-6}$kPa·s)	η_T/η_{20}	温度校正值/T_p
5.0	1.516	1.501	1.17	17.5	1.074	1.063	1.66
5.5	1.498	1.483	1.19	18.0	1.061	1.050	1.68
6..0	11.470	1.455	1.21	18.5	1.048	1.038	1.70
6.5	1.449	1.435	1.23	19.0	1.035	1.025	1.72
7.0	1.428	1.414	1.25	19.5	1.022	1.012	1.74
7.5	1.407	1.393	1.27	20.0	1.010	1.000	1.76
8.0	1.387	1.373	1.28	20.5	0.998	0.998	1.78
8.5	1.367	1.353	1..30	21.0	1.986	1.966	1.80
9.0	1.347	1.334	1.32	21.5	0.974	0.964	1.83
9.5	1.328	1.315	1.34	22.0	0.968	0.958	1.85
10.0	1.310	1.297	1.36	22.5	0.952	0.943	1.87
10.5	1.292	1.279	1.38	23.0	0.941	0.932	1.89
11.0	1.274	1.261	1.40	24.0	0.919	0.910	1.94
11.5	1.256	1.244	1.42	25.0	0.899	0.890	1.98
12.0	1.239	1.227	1.44	26.0	0.879	0.870	2.03
12.5	1.223	1.211	1.46	27.0	0.859	0.850	2.07
13.0	1.206	1.194	1.48	28.0	0.841	0.833	2.12
13.5	1.188	1.176	1.50	29.0	0.823	0.815	1.16
14.0	1.175	1.163	1.52	30.0	0.806	0.798	2.21

（续表）

温度/℃	动力粘滞系数 η_T/(×10^{-6}kPa·s)	η_T/η_{20}	温度校正值/T_p	温度/℃	动力粘滞系数 η_T/(×10^{-6}kPa·s)	η_T/η_{20}	温度校正值/T_p
14.5	1.160	1.149	1.54	31.0	0.789	0.781	2.25
15.0	1.144	1.133	1.56	32.0	0.773	0.765	2.30
15.5	1.130	1.119	1.56	32.0	0.773	0.765	2.30
16.0	1.115	1.104	1.60	34.0	0742	0.735	2.39
16.5	1.101	1.090	1.62	35.0	0.727	0.720	2.43
17.0	1.088	1.077	1.64				

(4) 在计算所得的渗透系数中，取 3～4 个在允许差值范围内的数据，并求其平均值，作为试样在该孔隙比下的渗透系数，渗透系数的允许差值不大于 2×10^{-4}cm/s。

(5) 当进行不同孔隙比下的渗透试验时，应以孔隙比 e 为纵坐标、渗透系数 k 为横坐标，在单对数坐标纸上绘制孔隙比与渗透系数的关系曲线，如图 6-3 所示。

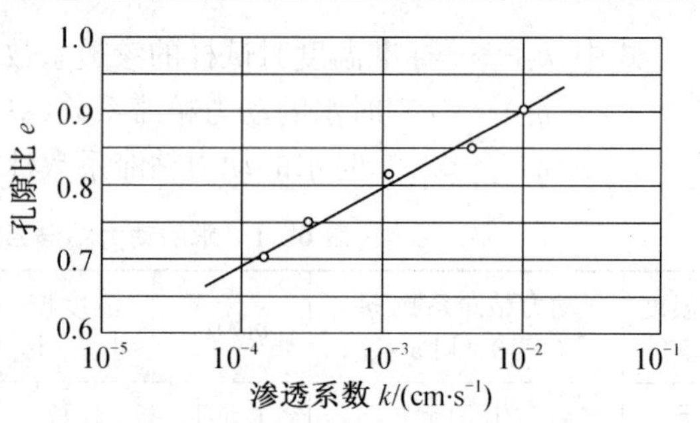

图 6-3　孔隙比与渗透系数关系曲线

6.2.4　试验记录

表 6-2　常水头渗透试验记录

工程编号________　试验者________

试样编号________　计算者________

试验日期________　校核者________

试验次数	经过时间	测压管水位(cm)			水位差			水力坡降	渗水量(cm)	渗透系数(cm/s)	水温(℃)	校正系数	水温20℃时的渗透系数(cm/s)	平均渗透系数(cm/s)
		Ⅰ	Ⅱ	Ⅲ	H_1	H_2	平均							
	①	②	③	④	⑤=②−③	⑥=③−④	(7)=1/2(⑤+⑥)	⑧=⑦/L	⑨	⑩	⑪	⑫=η_T/η_{20}	⑬=⑩×⑫	⑭

6.3 变水头渗透试验

变水头渗透试验是指土样在变化的水头压力下进行的渗透试验,适用于细粒土渗透系数的测定。对于黏性土,渗透系数一般很小,在水头不大的情况下,通过土样的渗流十分缓慢且历时很长,可以采用增加渗透压力的加荷渗透法来测定土的渗透系数,从而可以加快试验进程。

6.3.1 仪器设备

(1) 变水头渗透装置,如图6-4所示,包括以下两项:

① 渗透容器:由环刀、透水石、套环、上盖和下盖组成。环刀内径61.8 mm,高40 mm;透水石的渗透系数应大于10^{-3} cm/s。

② 变水头装置:由变水头管、供水瓶(容量为5 000 mL)、进水管等组成。变水头管的内径应均匀,管径不大于1 cm,管外壁应有最小分度为1.0 mm的刻度,长度宜为2 m左右。

(2) 量筒:容量为100 mL,最小分度值为1 mL。

(3) 其他:切土器、修土刀、秒表、温度计、钢丝锯、凡士林等。

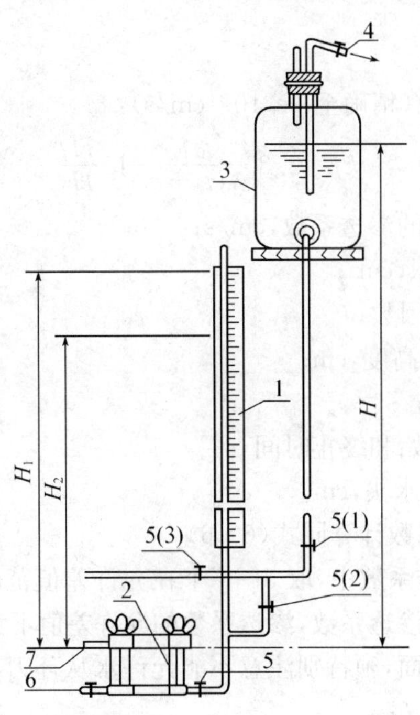

1—变水头管;2—渗透容器;3—供水瓶;4—接水源管;5—进水管夹;6—排气管;7—出水管

图6-4 变水头渗透试验装置

6.3.2 操作步骤

(1) 根据需要,用环刀在垂直或平行土样层面切取原状土样或制备给定密度的扰动土样。切削、整平试样时,不得用刀往复涂抹,以免堵塞孔隙。

(2) 在渗透容器套筒内壁涂一薄层凡士林,然后将盛有试样的环刀推入套筒,并压入止水垫圈。把挤出的多余凡士林小心刮净,装好带有透水板的上、下盖,并用螺丝拧紧,不得漏水漏气。对不易透水的试样,按《土工试验方法标准》规定进行抽气饱和。对饱和试样和较易透水的试样,直接用变水头装置的水头进行饱和。

(3) 将渗透容器的进水口与变水头管连接,利用供水瓶中的纯水向进水管注满水,并渗入渗透容器,开排气阀,将容器侧立,排气口向上,排除渗透容器底部的空气,直至溢出水中无气泡,关排水阀,放平渗透容器,关进水管夹。

(4) 向变水头管注纯水,使水升至预定高度,水头高度根据试样结构的疏松程度确定,一般不应大于 2 m,待水位稳定后切断水源,开进水管夹,使水通过试样,当出水口有水溢出时开始测记变水头管中起始水头高度和起始时间,按预定时间间隔测记水头和时间的变化,并测记出水口的水温。

(5) 将变水头管中的水位变换高度,待水位稳定再进行测记水头和时间变化,重复 5～6 次,当不同开始水头下测定的渗透系数在允许差值范围内时,结束试验。

6.3.3 成果整理

(1) 计算变水头渗透系数(精确至 1×10^{-4} cm/s):

$$k_T=2.3\frac{aL}{A(t_2-t_1)}\lg\frac{H_1}{H_2} \tag{6-7}$$

式中:k_T——水温 T℃时试样的渗透系数,cm/s;

a——变水头管的断面积,cm^2;

2.3——ln 和 lg 的变换因数;

L——渗透路径,即试样高度,cm;

A——试样断面积,cm^2;

t_1,t_2——测读水头的起始和终止时间,s;

H_1,H_2——起始和终止水头,cm。

(2) 标准温度下的渗透系数计算同式(6-6)。

(3) 在计算所得到的渗透系数中,取 3～4 个在允许差值范围内的数据,并求其算术平均值,作为试样在该孔隙比下的渗透系数,渗透系数的允许差值不大于 2×10^{-4} cm/s。当测定黏性土时,在使用仪器和操作方面,须特别注意不能允许水从环刀与土之间的孔隙中流过,以免产生假象。

(4) 当进行不同孔隙比的渗透试验时,应以孔隙比 e 为纵坐标、渗透系数 k 为横坐标,在单对数坐标纸上绘制孔隙比与渗透系数的关系曲线,如图 6-3 所示。

6.3.4　试验记录

表6-3　变水头渗透试验记录表

工程编号____________　试样面积____________　试验者____________

试样编号____________　试样高度____________　计算者____________

仪器编号____________　测压管面积__________　校核者____________

试验日期____________　孔隙比______________

开始时间 t_1(s)	终止时间 t_2(s)	经过时间 t(s)	开始水头 H_1(cm)	终止水头 H_1(cm)	$2.3\dfrac{a\times L}{A\times(3)}$	$\lg\dfrac{H_1}{H_2}$	T℃时的渗透系数(cm/s)	水温(℃)	校正系数	水温20℃时的渗透系数(cm/s)	平均渗透系数(cm/s)
①	②	③=②-①	④	⑤	⑥	⑦	⑧=⑥×⑦	⑨	⑩=η_T/η_{20}	⑪=⑧×⑩	⑫

第7章　固结试验

7.1　概述

土体是复杂的多相介质，在外荷载作用下，土中水和气逐渐排出，从而引起土体体积减少而发生压缩，土粒和水的压缩与土的总压缩量之比很小，可以忽略不计，所以可以认为土的压缩主要是由于空隙体积减少而引起的。土在荷载作用下，体积缩小的过程称为压缩。土的压缩变形随时间不断增长而逐渐趋于稳定，这一变形过程称为土的固结。

为了解土的空隙体积随压力变化的规律，可在室内用压缩仪进行压缩试验。土的压缩试验又称固结试验，是研究土体压缩性的最基本方法。固结试验是将原状土或重塑土制备成一定规格的土样，置于固结仪内，在完全侧限条件下测定不同荷载下土的压缩变形。

试验目的：测定饱和土的单位沉降量、压缩系数、压缩模量、压缩指数、固结系数等参数，判定土样的压缩性，并可得到单位沉降量与压力的关系曲线以及孔隙比与压力关系曲线。

对于非饱和土，只允许进行压缩试验，测定压缩指标。

根据工程需要，可进行如下试验：

(1) 标准固结试验。以24 h作为固结稳定标准。

(2) 快速固结试验。砂性土固结时间为1 h，黏性土固结时间宜为24 h，然后施加下一级荷载；最后一级荷载延长至24 h，并以等比例综合固结法进行修正。

(3) 前期固结压力试验。其最后一级荷载应大于前期固结压力或自重压力的5倍以上。

(4) 固结系数确定试验。由不同排水方向确定试样的水平向固结系数和垂直向固结系数。

7.2　仪器设备

(1) 杠杆式固结仪。

(2) 固结容器：由环刀(内径61.8 mm或79.8 mm，高20 mm，面积30 cm^2或50 cm^2)、护环、透水板、水槽、加压盖组成，如图7-1所示。

(3) 加压设备。应能垂直地在瞬间施加各级规定的压力，且没有冲击力。

(4) 变形量测设备：量程10 mm、最小分度值为0.01 mm的百分表。

(5) 其他：圆玻璃片，天平，秒表，修土刀，铝盒，滤纸，凡士林，烘箱等。

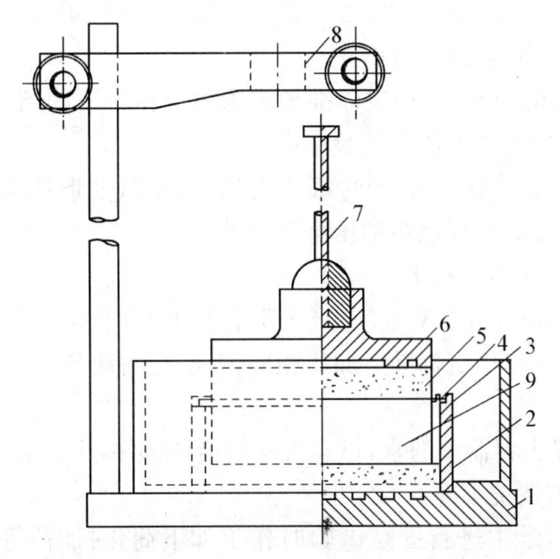

1—水槽；2—护环；3—环刀；4—导环；5—透水板；6—加压上盖；7—量表导杆；8—量表架；9—试样

图7-1 固结容器示意图

7.3 操作步骤

(1) 按工程需要选择面积为30 cm^2或50 cm^2的切土环刀，环刀内侧涂上一层薄的凡士林，刀口应向下放在原状土或人工制备的土样上，切取原状土样时，应与天然土层受荷方向一致。

(2) 小心地边压边削，注意避免环刀偏心入土，使整个土样进入环刀并在凸出环刀时停止，然后用钢丝锯(软土)或用修土刀(较硬的土或硬土)将环刀两端余土修平，擦净环刀外壁。

(3) 测定土样密度，并在余土中取代表性土样测定其含水率，然后用圆玻璃片将环刀两端盖上，防止水分蒸发。

(4) 在固结容器内放置护环、透水板和薄型滤纸，将带有土样的环刀装入固结容器的护环内，放上导环，试样上顺次放上薄型滤纸、透水石、传压活塞和定向钢环球；将固结容器准确地放在加荷横梁中心，再按照要求安装好加荷设备；施加1 kPa的预压力，使仪器上下各部件之间接触；调整好百分表，并将初读数归零。

(5) 确定需要施加的各级压力，加荷等级宜为12.5，25，50，100，200，400，800，1 600，3 200 kPa；第一级压力的大小应视土的软硬程度而定，宜用12.5 kPa，25 kPa或50 kPa；最后一级压力应大于土的自重应力与附加压力之和；只需测定压缩系数时，最大压力不小于400 kPa。需要确定原状土的先期固结压力时，初始段的荷重率应小于1，可采用0.5或0.25。

(6) 对于饱和试样，施加第一级压力后，应立即向水槽中注水浸没试样；非饱和试样进行压缩试验时，须用湿棉纱围住加压板周围。

(7) 施加各级压力，待试样在某级压力作用下达到稳定后再施加下一级压力。

① 需要测定沉降速率时，加压后按下列时间顺序测记量表读数：0.10、0.25、1.00、2.25、

4.00、6.25、9.00、12.25、16.00、20.25、25.00、30.25、36.00、42.25、49.00、64.00、100.00、200.00、400 min及23、24 h，至稳定为止。

② 当不需要测定沉降速率时，稳定标准规定为每级压力下固结24 h。测记稳定读数后，再施加第2级压力。依次逐级加压至试验结束。

③ 只需测定压缩系数的试样，施加每级压力后，每小时变形达0.01 mm时，测定试样高度变化作为稳定标准。按此步骤逐级加压至试验结束。

注：测定沉降速率仅适用饱和土。

(8) 需要做回弹试验时，可在某级压力(大于上覆压力)下固结稳定后卸压，直至卸至第1级压力。每次卸压后的回弹稳定标准与加压相同，并测记每级压力及最后一级压力时的回弹模量。

(9) 试验结束后，吸去容器中的水，迅速拆除仪器各部件，小心取出带环刀的试样，测定试验后的含水率，并将仪器清洗干净。

因为教学时间所限，学生进行固结试验时作了如下简化：加荷等级一般为50，100，200，400 kPa，并且在每级加荷后10 min即认为压缩已达稳定，记录百分表读数，再施加下一级荷载。

7.4 成果整理

1. 计算

(1) 按式(7-1)计算试样的初始孔隙比

$$e_0=\frac{(1+0.01\omega_0)G_s\rho_w}{\rho_0}-1 \tag{7-1}$$

式中：G_s——土粒比重；

ρ_w——水的密度，g/cm³；

ρ_0——试样的初始密度，g/cm³；

ω_0——试样的初始含水率，%。

(2) 按式(7-2)计算各级压力下固结稳定后的孔隙比

$$e_i=e_0-\frac{1+e_0}{h_0}\Delta h_i \tag{7-2}$$

式中：e_i——某级压力下的孔隙比；

Δh_i——某级压力下试样高度变化，cm；

h_0——试样初始高度，cm。

(3) 按式(7-3)、式(7-4)、式(7-5)、式(7-6)分别计算某一压力范围内的压缩系数a_v、压缩模量E_s、体积压缩系数m_v、压缩指数C_c

$$a_v=\frac{e_i-e_{i+1}}{p_{i+1}-p_i} \tag{7-3}$$

$$E_s=\frac{1+e_0}{a_v} \tag{7-4}$$

$$m_v=\frac{1}{E_s}=\frac{a_v}{1+e_0} \tag{7-5}$$

$$C_c=\frac{e_i-e_{i+1}}{\lg p_{i+1}-\lg p_i} \tag{7-6}$$

式中：p_i 为某一压力值，kPa。

2. 绘制关系曲线

以孔隙比为纵坐标，压力为横坐标，绘制孔隙比与压力的关系曲线，如图 7－2 所示。或以孔隙比为纵坐标，压力的对数为横坐标，绘制孔隙比与压力的对数关系曲线，如图 7－3 所示。

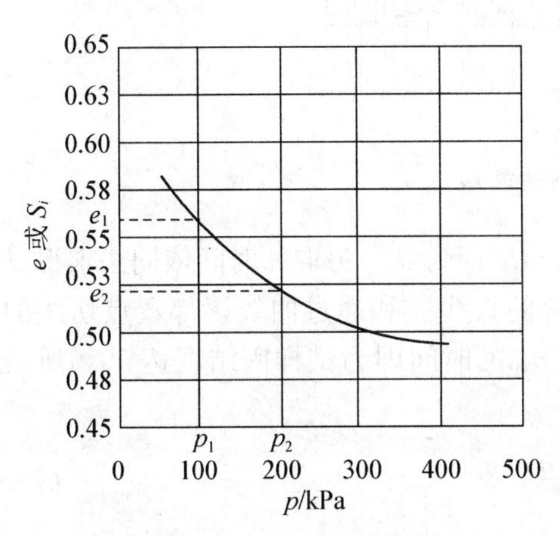

图 7－2　$e\sim p$ 关系曲线

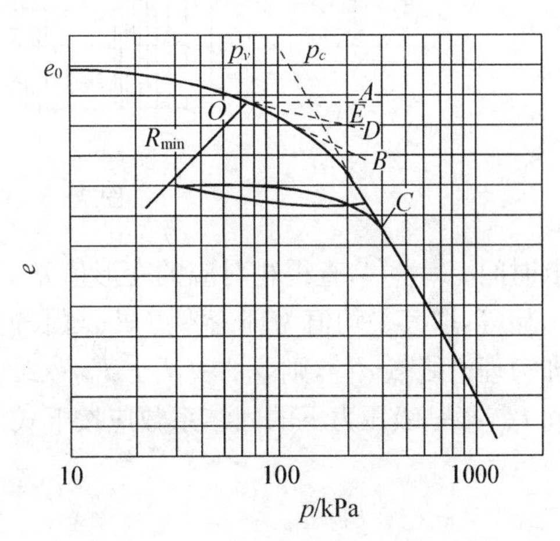

图 7－3　$e\sim\lg p$ 曲线求 p_c 示意图

3. 确定原状土的先期固结压力

其确定方法如图 7－3 所示，在 $e\sim\lg p$ 曲线上找出最小曲率半径 $R_{\min}$ 点 O，过 O 点作水平线 OA、切线 OB 及角 AOB 的平分线 OD，OD 与曲线的直线段 C 的延长线交于点 E，则对应于 E 点的压力值即为该原状土的先期固结压力。

4. 按下述方法确定固结系数

(1) 时间平方根法：对某一级压力，以试样的变形为纵坐标，时间平方根为横坐标，绘制变形与时间平方根关系曲线(图 7－4)，延长曲线开始段直线，交纵坐标于 ds 为理论零点，过 ds 做另一直线，令其横坐标为前一直线横坐标的 1.15 倍，后一直线与 $d-\sqrt{t}$ 曲线交点所对应的时间的平方即为试样固结度达 90％所需的时间 t_{90}，该级压力下的固结系数应按下式进行计算。

$$C_v=\frac{0.848\,\overline{h}^2}{t_{90}} \tag{7-7}$$

式中：C_v——固结系数，cm/s；

$\overline{h}^2$——最大排水距离，等于某级压力下试样的初始和终了高度的平均值之半，cm。

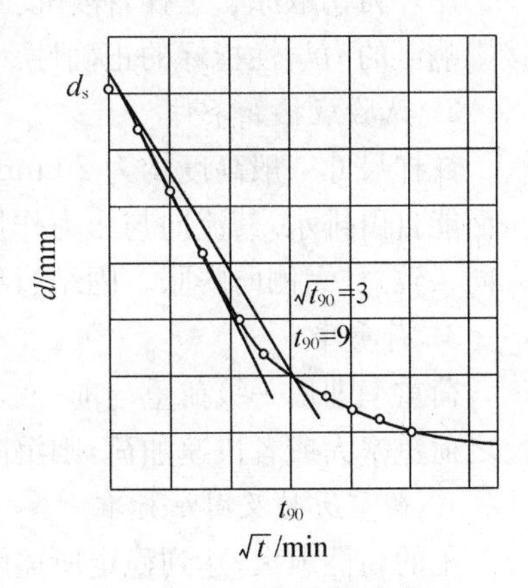

图 7－4　时间平方根法求 t_{90}

(2) 时间对数法：对某级压力，以试样的变形为纵坐标，时间的对数为横坐标，绘制变形与时间对数关系曲线(图 7－5)，在关系曲线的开始段，选任一时间 t_1，查得相对应的变形值 d_1，

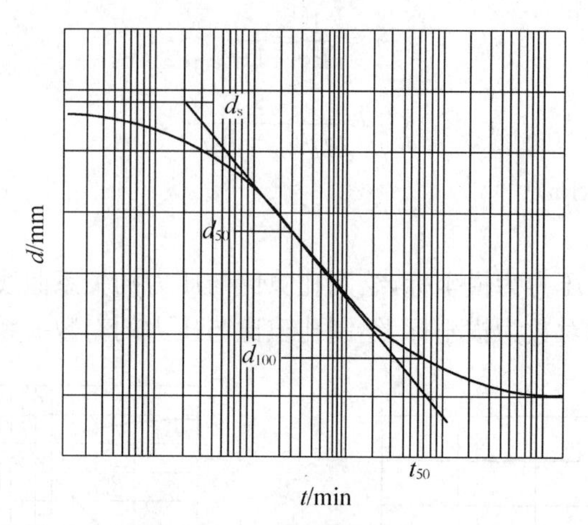

图 7-5　时间对数法求 t_{50}

再取时间 $t_2=t_1/4$，查得相对应的变形值 d_2，则 $2d_2-d_1$ 即为 d_{01}；另取一时间依同法求得 d_{02}、d_{03}、d_{04} 等，取其平均值为理论零点 d_s，延长曲线中部的直线段和通过曲线尾部数点切线的交点即为理论终点 d_{100}，则 $d_{50}=(d_s+d_{100})/2$，对应于 d_{50} 的时间即为试样固结度达 50%所需的时间 t_{50}，某一级压力下的固结系数应按下式计算：

$$C_v=\frac{0.197\,\overline{h}^2}{t_{50}} \tag{7-8}$$

7.5　注意事项

1. 取原状土样

用环刀切取原状土样，操作时应尽量避免扰动土样，试样应保持土的原状结构，否则会直接影响土的力学性指标的正确性。

2. 试验规格和条件

试样尺寸一般高度均为 20 mm，直径有 79.8 mm 和 61.8 mm 两种。试样应上下两面或一面能自由排水，其流向与压力作用方向一致形成单向固结；受力作用下压缩变形也应与压力方向一致，且无侧向膨胀。固结过程中应保持所需控制的温度，使其含水量不变。

3. 荷重率

荷重率即后一级荷重与前一级荷重的差与前一级荷重的比值。一般荷重率小，沉降量小；反之荷重率大或者快速加荷，则沉降量大。所以应根据实际情况和土质条件合理确定荷重率。

4. 荷重历时及固结标准

土的黏性愈大，达到稳定所需时间也愈长。沉降稳定的标准，一般规定为 24 h，大多数黏土能满足。对某些土经过试验，采用 2 h 或 6 h，土样固结也已达到 95%左右。但一般情况用 24 h 作为稳定标准。

7.6　试验记录

表 7-1　含水率试验记录

工程名称______________　试验者______________
土样说明______________　计算者______________
试验日期______________　校核者______________

试样情况		盒号	盒质量 g	盒+湿土质量 g	盒+干土质量 g	含水率 %	平均含水率 %
试验前	饱和前						
	饱和后						
试验后							

表 7-2　密度试验

工程名称______________　试验者______________
土样说明______________　计算者______________
试验日期______________　校核者______________

试样情况		环刀+土质量 g	环刀质量 g	土质量 g	试样体积 cm^3	密度 g/cm^3
试验前	饱和前					
	饱和后					
试验后						

表 7-3　孔隙比及饱和度计算

工程名称______________　试验者______________
土样说明______________　计算者______________
试验日期______________　校核者______________

试样情况	比重	含水率(%)	密度(g/cm^3)	孔隙比	饱和度(%)
试验前					
试验后					

表 7 - 4　固结试验记录表

工程名称________________　试验者________________
土样说明________________　计算者________________
试验日期________________　校核者________________

时刻	施加压力(kPa)								
	12.5	25	50	100	200	400	800	1 600	3 200
	量表读数								
0.1 min									
0.25 min									
1 min									
2.25 min									
4 min									
6.25 min									
9 min									
12.25 min									
16. min									
20.25 min									
25 min									
30.25 min									
36 min									
42.25 min									
49 min									
64 min									
100 min									
200 min									
23 h									
24 h									
试样总变形量(mm)									

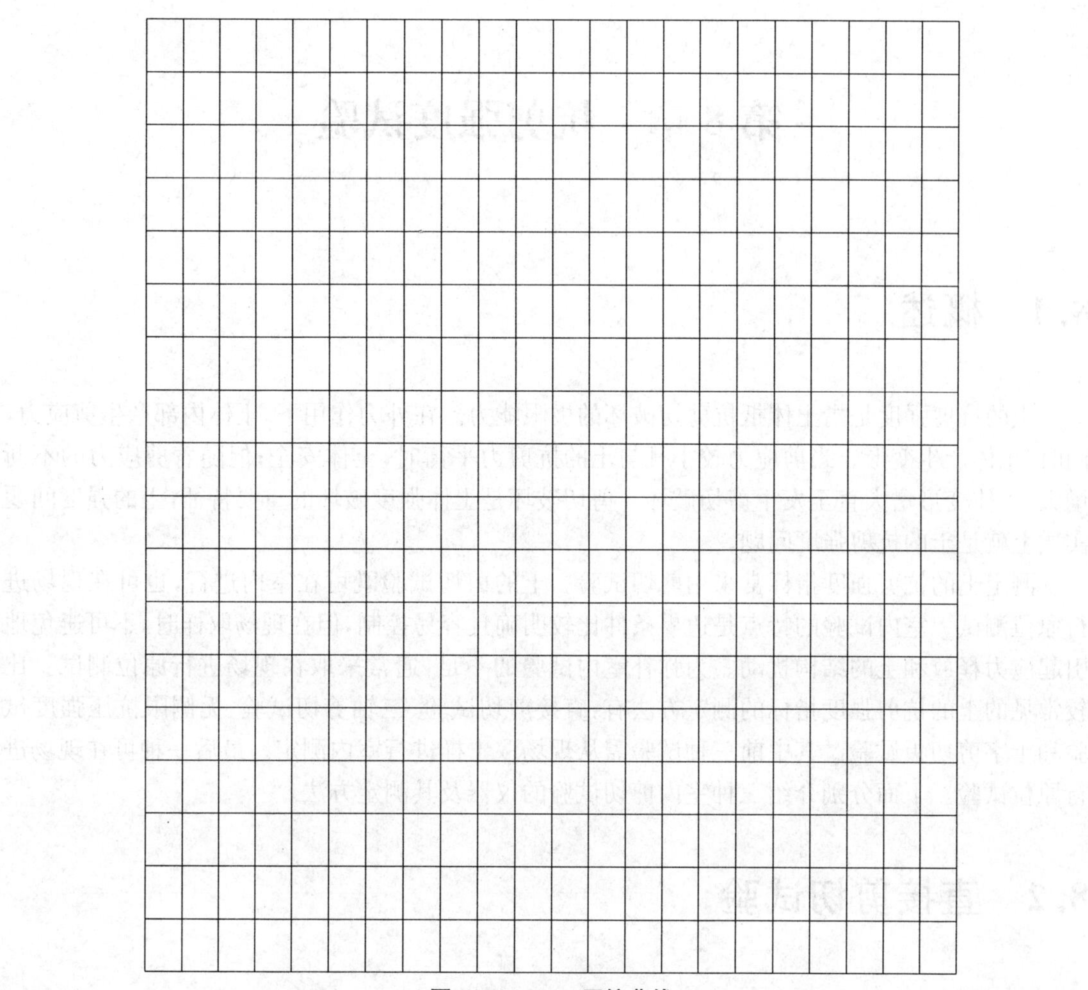

图7－6 $e \sim p$ 压缩曲线

第8章　抗剪强度试验

8.1　概述

土的抗剪强度是指土体抵抗剪切破坏的极限能力。在外力作用下，土体内部产生剪应力，同时，土体产生变形。当剪应力较小且与土的抗剪力平衡时，土体安全；但随着剪应力的不断增大，土体变形增大直至发生剪切破坏。剪切破坏是土体强度破坏的重要特征，土的强度问题实质上就是土的抗剪强度问题。

测定土的抗剪强度指标常采用剪切试验。土的剪切试验既可在室内进行，也可在现场进行原位测试。室内试验的特点是边界条件比较明确且容易控制，但在现场取样时，不可避免地引起应力释放和土的结构扰动。为弥补室内试验的不足，通常采取在现场进行原位测试。比较常见的土的抗剪强度指标的测定方法有：直接剪切试验、三轴剪切试验、无侧限抗压强度试验和十字剪切板试验。其中前三种试验需从现场取土样进行室内测定。最后一种可在现场进行原位试验。下面分别介绍三种室内剪切试验的仪器及其测定方法。

8.2　直接剪切试验

8.2.1　试验原理

直接剪切试验是测定土的抗剪强度指标的室内试验方法之一，它可以直接测出土样在预定剪切面上的抗剪强度。通常是从地基中某个位置取出土样，制成几个试样，用几个不同的垂直压力作用于试样上，然后施加剪切力，测得剪应力与位移的关系曲线，从曲线上找出试样的极限剪应力作为该垂直压力下的抗剪强度。通过几个试样的抗剪强度确定强度包络线，求出抗剪强度参数 c，φ。本实验可测定黏性土和砂土的抗剪强度参数。

土的内摩擦角和黏聚力与抗剪强度之间的关系可由库仑公式表示如下：

$$\tau_f = \sigma \tan\varphi + c \qquad (8-1)$$

式中：τ_f——土体的抗剪强度，kPa；

σ——法向应力，kPa；

φ——内摩擦角(°)；

c——黏聚力。

按土样在荷重作用下压缩及受剪时的排水情况不同，试验方法可以分为以下三种：

(1) 慢剪(S)，也称为排水剪。即在施加垂直压力后，使其充分排水(试样两端放上滤纸)，在土样达到完全固结时，再施加水平剪力；每加一次水平剪力后，均需经过一段时间，待土样因剪切引起的孔隙水压力完全消失后，再继续施加下一次水平剪力。

(2) 固结快剪(CQ)，在垂直压力作用下土样完全排水固结稳定后，以很快速度施加水平剪力。在剪切过程中不允许排水(规定在 3～5 min 内剪坏)。

(3) 快剪(Q)，也称为不排水剪，即在试样上施加垂直压力后，立即加水平剪切力。在整个试验中，不允许试样的原始含水率有所改变(试样两端敷以隔水纸)，即在试验过程中孔隙水压力保持不变(3～5 min 内剪坏)。

8.2.2 仪器设备

(1) 应变控制式直剪仪：由剪切盒、垂直加压设备、剪切传动装置、测力计、位移量测系统组成，如图 8-1 所示。

(2) 环刀(直径 61.8 mm，高度 20 mm)。

(3) 位移量测设备：量程为 10 mm，分度值为 0.01 mm 的百分表。

(4) 含水率试验所需设备。

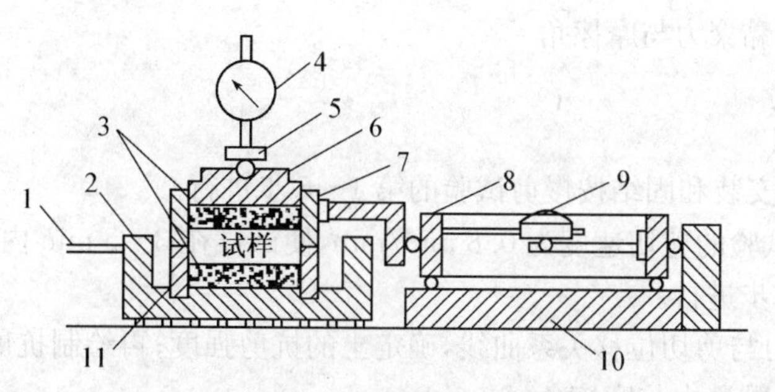

1—推进涡杆；2—底座；3—透水石；4—垂直变形测微表；5—加垂直荷载梁；6—剪力盒上盖；7—上剪力盒；8—量力环；9—测微表；10—下剪力盒；11—底座

图 8-1 应变控制式直剪仪

8.2.3 慢剪试验

(1) 制备所需试样(参见试样的制备与饱和)，每组试样不得少于 4 个，并测定试样密度和含水率；当试样需要饱和时，应按照规定的饱和方法进行。

(2) 安装试样。对准剪切容器上下盒，插入固定销，在下盒内放透水板和滤纸，将带有试样的环刀刃口向上，对准剪切盒口，在试样上放置滤纸和透水板，将试样小心地推入剪切盒内。

(3) 移动传动装置，使上盒前端钢球刚好与测力计接触，依次放上传压板、加压框架，安装垂直位移和水平位移量测装置，并调至零位或测记初读数。每组 4 个试样，分别在 4 种不同的垂直压力下进行剪切。在教学上，可取 4 个垂直压力分别为 100，200，300，400 kPa。

(4) 施加垂直压力。根据工程实际和土的软硬程度施加各级垂直压力，对松软试样垂直压力应分级施加，以防土样挤出。随后，在加压板周围包以湿棉纱。对于饱和土，则在施压后向盒内注水。

(5) 施加垂直压力后，每 1h 测读垂直变形一次，直至试样固结变形稳定。变形稳定为每小时不大于 0.005 mm。

(6) 拔去固定销，以小于 0.02 mm/min 的剪切速度进行剪切，试样每产生剪切位移 0.2～

0.4 mm 测记测力计和位移读数，直至测力计读数出现峰值。如测力计中的测微表指针不再前进或有显著后退，表示试样已经被剪破，但一般宜剪至剪切位移为 4 mm 时停机，记下破坏值。若量表指针再继续增加，则剪切变形应达 6 mm 为止。（注：手轮每转一圈推进下盒 0.2 mm）

(7) 拆卸试样。剪切结束，吸去盒内积水，倒转手轮，退去剪切力和垂直压力，移动加压框架、上盖板，取出试样，测定试样含水率。

8.2.4 固结快剪试验

(1) 试样制备、安装按慢剪试验的第 1～4 步进行。安装时应以硬塑料薄膜代替滤纸，不需要安装垂直位移量测装置。

(2) 施加垂直压力，拔去固定销，立即以 0.8 mm/min 的剪切速度按慢剪试验的第 6～7 步进行剪切至试验结束，使试样在 3～5 min 内剪坏。

(3) 绘制剪应力与剪切位移关系曲线，确定土的抗剪强度；再绘制抗剪强度与垂直压力关系曲线，确定土样的黏聚力与摩擦角。

8.2.5 快剪试验

(1) 试样制备、安装和固结按慢剪试验的第 1～5 步进行。

(2) 固结快剪试验的剪切速度为 0.8 mm/min，使试样在 3～5 min 内剪坏，其剪切过程按慢剪试验的第 6～7 步进行。

(3) 绘制剪应力与剪切位移关系曲线，确定土的抗剪强度；再绘制抗剪强度与垂直压力关系曲线，确定土样的黏聚力与摩擦角。

8.2.6 注意事项

(1) 先安装试样，再安装量表。安装试样时，要用透水石把土样从环刀推进剪切盒里，试验前量表中的大指针调至零位。

(2) 加荷载时，不要摇晃砝码。

(3) 透水板和滤纸的湿度要接近试样的湿度。

(4) 在剪切前，一定要确定固定销已被拔去。否则，固定销会被剪断。

8.2.7 成果整理

(1) 以剪应力为纵坐标，剪切位移为横坐标，绘制剪应力与剪切位移关系曲线（如图 8-2 所示），取曲线上剪应力的峰值为抗剪强度；无峰值时，取剪切位移 4 mm 对应的剪应力为抗剪强度。

(2) 按式(8-2)计算剪应力：

$$\tau=\frac{C\cdot R}{A_0}\times 10 \tag{8-2}$$

式中：τ——试样所受的剪应力，kPa；

C——测力计(量力环)校正系数，kPa/0.01 mm；

R——测力计量表最大读数或位移 4 mm 时的读数，0.01 mm。

A_0——试样面积，cm^2。

（3）以剪应力为纵坐标，剪切位移为横坐标，绘制剪应力与剪切位移关系曲线（图 8－2）。取曲线上剪应力的峰值为抗剪强度；无峰值时，取剪切位移 4 mm 所对应的剪应力为抗剪强度。

以抗剪强度为纵坐标，垂直压力为横坐标，绘制抗剪强度与垂直压力关系曲线（图 8－3），则直线的倾角为内摩擦角，直线在纵坐标上的截距为黏聚力。

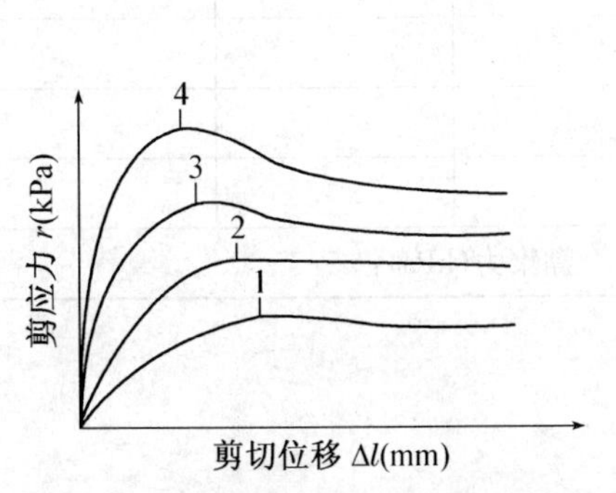

图 8－2　剪应力与剪切位移关系曲线

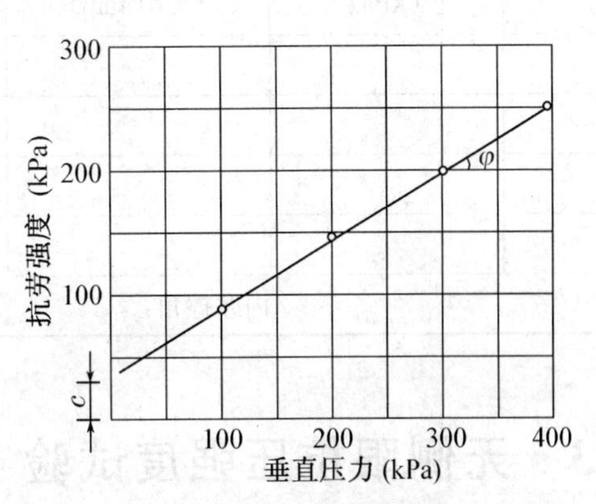

图 8－3　抗剪强度与垂直压力关系曲线

8.2.8　试验记录

表 8－1　直剪试验记录

工程名称______　　试验者______
土样说明______　　计算者______
试验日期______　　校核者______

试样编号	单位	1		2		3		4	
环刀编号									
环刀质量	g								
环刀＋试样质量	g								
试样质量	g								
盒号									
盒质量	g								
盒＋湿土质量	g								
盒＋干土质量	g								
含水率	%								
仪器编号									
量力环系数	kPa/0.01 mm								
垂直压力	kPa								
固结沉降量	mm								

表 8-2 剪应力与垂直压力关系记录表

工程名称________ 试验者________
土样说明________ 计算者________
试验日期________ 校核者________

试样编号	垂直压力 (kPa)	剪切位移 (0.01 mm)	量力环读数 (0.01 mm)	剪应力 (kPa)	垂直位移 (0.01 mm)
1					
2					
3					
4					
	内摩擦角:			黏聚力(kPa):	

8.3 无侧限抗压强度试验

无侧限抗压强度试验是在无侧限的压力情况下,对试样逐渐增加轴向压力直到破坏的过程。无黏性土在无侧限条件下试样难以成型,该试验主要用于黏性土,尤其适用于饱和软黏土。

8.3.1 试验原理

无侧限抗压强度试验是三轴压缩试验的一个特例,即将试样置于不受侧向限制的条件下进行的强度试验。此时试样所受的小主应力为零,而大主应力的极限值为无侧限抗压强度,通常用 q_u 表示。对于饱和软黏土,当土样破坏时,由于水分来不及排出,超静水压力代替有效水压力,因而摩擦力不发生作用,在 $\varphi\approx0$ 的情况下,可利用无侧限抗压强度间接地计算出该土的不排水抗剪强度,即 $\tau_f=\frac{q_u}{2}$。由于试样侧面不受限制,这样求得的抗剪强度值比常规三轴不排水抗剪强度值略小。

8.3.2 仪器设备

(1) 应变控制式无侧限压缩仪:量力环、加压框架及升降螺杆等。应根据土的软硬程度选用不同量程的量力环,如图 8-4 所示。

(2) 其他:切土盘,重塑筒,量表,天平(量程 1 000 g,分度值 0.1 g),卡尺,钢丝锯,削土刀,秒表等。

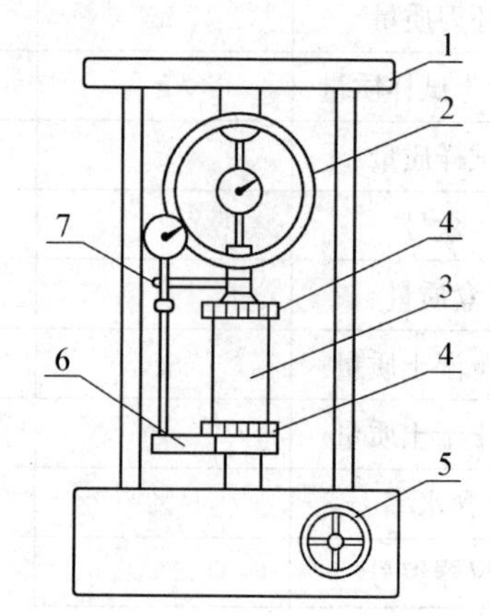

1—轴线加荷架;2—轴向测力计;3—试样;4—上、下传压板;5—手轮;6—升降板;7—轴向位移计

图 8-4 应变控制式无侧限压缩仪

8.3.3 操作步骤

(1) 将原状土样按照天然层次的方向放在桌面上,用削土刀或钢丝锯切削成大于试样直径的土柱,放入切土盘的上下圆盘之间,用钢丝锯或削土刀,侧板由上

往下细心切削，边切削边转动圆盘，直至切成所需要的直径为止，然后取出试样，按照要求的高度削平两端。端面要平整，并与侧面垂直，上下均匀。

(2) 试样直径可采用 3.5～4 cm，试件直径与高度之比应按照土的软硬情况采用 2～2.5 cm。

(3) 将切削好的试样立即称重，精确至 0.1 g。取切削下的余土，测定含水量。并用卡尺测量其高度及上、中、下各部位直径。按照下式计算平均直径：

$$D_0=(D_1+2D_2+D_3)/4 \tag{8-3}$$

式中：D_0——试样的平均直径，cm；

D_1，D_2，D_3——试样上、中、下各部位的直径，cm。

(4) 在试样两端抹一层凡士林，防止水分蒸发。

(5) 将制备好的试样放在下加压板上，转动手轮，使试样与上加压板刚好接触，将量力环量表读数调至零点。

(6) 以每分钟轴向应变为 1%～3%的速度转动手轮，使试样在 8～20 min 内破坏。

(7) 应变在 3%以前，每 0.5%测记量力环的量表读数一次；应变达到 3%以后，每 1%测记量力环的量表一次。

(8) 当量力环的量表读数达到峰值或读数达到稳定，应再进行 3%～5%的应变值，即可停止试验。如读数无稳定值，则试验进行到轴向应变达 25%为止。

(9) 试验结束后，迅速反转手轮，取下试样。描述破坏后形状。

(10) 若需要测定灵敏度，则将被破坏后的试样包上塑料布，用手搓捏，破坏其结构，再搓成圆柱形，放入重塑筒内，挤成与筒体相等的试样，然后重新进行试验。

8.3.4 成果整理

(1) 计算轴向应变

$$\varepsilon_1=\frac{\Delta h}{h_0}\times 100\% \tag{8-4}$$

式中：ε_1——轴向应变，%；

h_0——试验前试样高度，cm；

Δh——轴向变形，cm。

(2) 计算试样平均断面积

$$A_a=\frac{A_0}{1-0.01\varepsilon_1} \tag{8-5}$$

式中：A_a——校正后试样面积，cm^2；

A_0——试验前试样面积，cm^2。

(3) 计算轴向应力

$$\sigma=\frac{CR}{A_a}\times 10 \tag{8-6}$$

式中：σ——轴向应力，kPa；

C——测力环系数，N/0.01mm；

R——测力计读数，0.01mm；

10——单位换算系数。

(4) 绘制应力-应变曲线

以轴向应力为纵坐标、轴向应变为横坐标，绘制应力-应变曲线。取曲线上的最大轴向应力作为无侧限抗压强度 q_u。如最大轴向应力不明显，取轴向应变为15%处的应力作为无侧限抗压强度 q_u，如图8-5所示。

(5) 计算灵敏度

$$S_t=\frac{q_u}{q_u'} \tag{8-7}$$

式中：S_t——灵敏度；

q_u——原状试样的无侧限抗压强度；

q_u'——重塑试样的无侧限抗压强度。

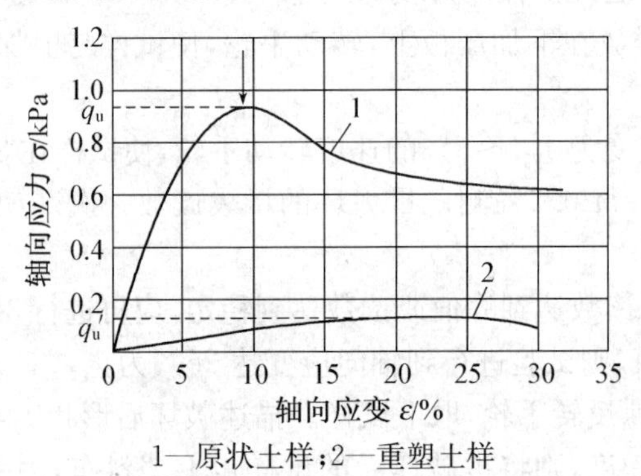

1—原状土样；2—重塑土样

图8-5 轴向应力与轴向应变关系图

8.3.5 注意事项

(1) 饱和黏土的抗压强度随着土密度增加而增大，并随着含水率增加而减小，测定无侧限抗压强度时，要求在试验过程中含水率保持不变：如土的渗透性较小，试验历时较短，可以认为试验前后的含水率基本不变，所以要控制剪切时间和应变速率，防止试验中试样发生排水及表面水分蒸发。

(2) 破坏值的选择。试样受压破坏形式一般有脆性破坏和塑性破坏两种。脆性破坏有明显的破坏面，轴向压力具有峰值，破坏值容易选取；而塑性破坏时没有破裂面，其应力随着应变增加，不具有峰值或稳定值。选取破坏值时，按照应变15%所对应的轴向应力为抗压强度。重塑试样的取值标准与原状试样的取值标准应相同，即峰值或应变15%所对应的轴向应力为无侧限抗压强度。

(3) 测定土的灵敏度是判别土的结构受扰动对强度的影响程度，因此重塑试样除了不具有原状试样的结构外，应保持与原状试样相同的密度和含水率。天然结构的土经重塑后，它的结构黏聚力已经全部消失，但经过一段时间后，可以恢复一部分，放置时间愈长，恢复程度愈大，所以需要测定灵敏度时，应立即进行重塑试样的试验。

(4) 试验时，在试样两端抹一薄层凡士林的目的是因为当轴向压力作用于试样时，试样与传压板之间即发生与侧向膨胀力方向相反的摩擦力。该力使两端土的侧向膨胀受到限制，使试样变成鼓形。轴向变形愈大，鼓形愈大，这样，试样内的应力分布就不均匀。为了减小影响，在试样两端抹一层凡士林。

8.3.6　试验记录

表 8-3　无侧限抗压强度试验记录

工程名称_______________　　试验者_______________

土样说明_______________　　计算者_______________

试验日期_______________　　校核者_______________

<table>
<tr><td colspan="3">试验前试样高度 h_0＝_______cm
试验前试样直径 D_0＝_______cm
试验前试样面积 A_0＝_______cm^2
试样质量 m＝_______g
试样密度 ρ＝_______g/cm^3</td><td colspan="3">手轮每转一周螺杆上升高度 Δl＝_______mm
量力环系数 C＝_______N/0.01 mm
原状试样无侧限抗压强度 q_u＝_______kPa
重塑试样无侧限抗压强度 q_u'＝_______kPa
灵敏度 S_t＝_______</td></tr>
<tr><td>轴向变形
/mm</td><td>量力环读数
/0.01 mm</td><td>轴向应变
/%</td><td>校正后面积
/cm²</td><td>轴向应力
/kPa</td><td>试样破坏描述</td></tr>
<tr><td>①</td><td>②</td><td>③$=\frac{1}{h_0}\times100$</td><td>④$=\frac{A_0}{1-0.01\times③}$</td><td>⑤$=\frac{②\times C}{④}\times10$</td><td></td></tr>
<tr><td></td><td></td><td></td><td></td><td></td><td></td></tr>
<tr><td></td><td></td><td></td><td></td><td></td><td></td></tr>
<tr><td></td><td></td><td></td><td></td><td></td><td></td></tr>
</table>

8.4　三轴压缩试验

三轴压缩试验是测定土的抗剪强度的一种较为完善的方法，是试样在三向应力状态下测定土的抗剪强度参数的一种剪切试验方法。通常采用 3～4 个圆柱体试样，分别在不同的恒定周围压力下，施加轴向压力进行剪切，直至破坏，然后根据极限应力圆包线，求得土的抗剪强度参数。

8.4.1　试验原理

三轴压缩实验(亦称三轴剪切实验)是以摩尔-库仑强度理论为依据而设计的三轴向加压的剪力试验，试样在某一固定周围压力 σ_3 下，逐渐增大轴向压力 σ_1，直至试样破坏，据此可作出一个极限应力圆。用同一种土样的 3～4 个试件分别在不同的周围压力 σ_3 下进行实验，可得一组极限应力圆，如图 8-6 所示中的圆Ⅰ、圆Ⅱ和圆Ⅲ。作出这些极限应力圆的公切线，即为该土样的抗剪强度包络线，由此便可求得土样的抗剪强度指标。

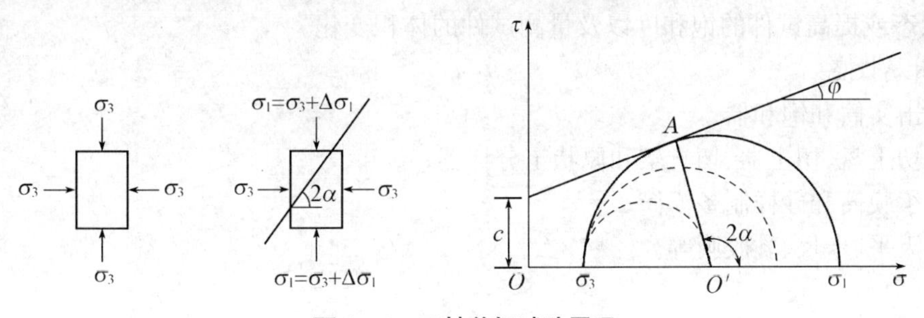

图 8-6　三轴剪切试验原理

根据土样固结排水条件的不同，相应于直剪试验，三轴试验可分为如下三种方法：

（1）不固结不排水剪实验（UU）

试样在施加周围应力和随后施加偏应力直至破坏的整个试验过程中都不允许排水，这样从开始加压直至试样剪坏，土中的含水量始终保持不变，孔隙水压力也不可能消散，可以测得总应力抗剪强度指标 c_u，φ_u。

（2）固结不排水剪实验（CU）

试样在施加周围压力时，允许试样充分排水，待固结稳定后，再在不排水的条件下施加轴向压力，直至试样剪切破坏，同时在受剪过程中，测得土体的孔隙水压力，可以测得总应力抗剪强度指标 c_{cu}，φ_{cu} 和有效应力抗剪强度指标 c'，φ'。

（3）固结排水剪实验（CD）

试样先在周围压力下排水固结，然后允许试样在充分排水的条件下增加轴向压力直至破坏，同时在试验过程中测读排水量以计算试样的体积变化，可以测得有效应力抗剪强度指标 c_d，φ_d。

8.4.2 仪器设备

1. 三轴仪

三轴仪根据施加轴向荷载方式的不同，可以分为应变控制式和应力控制式两种，目前室内三轴试验基本上采用的是应变控制式三轴仪。

应变控制式三轴仪由以下几部分组成（如图 8－7 所示）：

（1）三轴压力室。压力室是三轴仪的主要组成部分，它是由一个金属上盖、底座以及透明有机玻璃筒组成的密闭容器，压力室底座通常有 3 个小孔分别与围压系统、体积变形以及孔隙水压力量测系统相连。

（2）轴向加荷系统。采用电动机带动多极变速的齿轮箱，或者采用可控硅无极变速，并通过传动系统使压力室自下而上的移动，从而使试样承受轴向压力，其加荷速率可根据土样性质和试验方法确定。

（3）轴向压力测量系统。施加于试样上的轴向压力由测力计测量，测力计由线性和重复性较好的金属弹性体组成，测力计的受压变形由百分表或位移传感器测读。

（4）周围压力稳压系统。采用调压阀控制，调压阀控制到某一固定压力后，它将压力室的压力进行自动补偿而达到稳定的周围压力。

（5）孔隙水压力量测系统。孔隙水压力由孔压传感器测得。

（6）轴向变形量测系统。轴向变形由距离百分表（0～30 mm 百分表）或位移传感器测得。

（7）反压力体变系统。其是由体变管和反压力稳压控制系统组成的，用以模拟土体的实际应力状态或提高试件的饱和度以及量测试件的体积变化。

2. 附属设备

（1）击实筒和饱和器；

（2）切土盘、切土器、切土架和原状土分样器；

（3）承膜筒和砂样制备模筒；

（4）天平、卡尺、乳胶膜等。

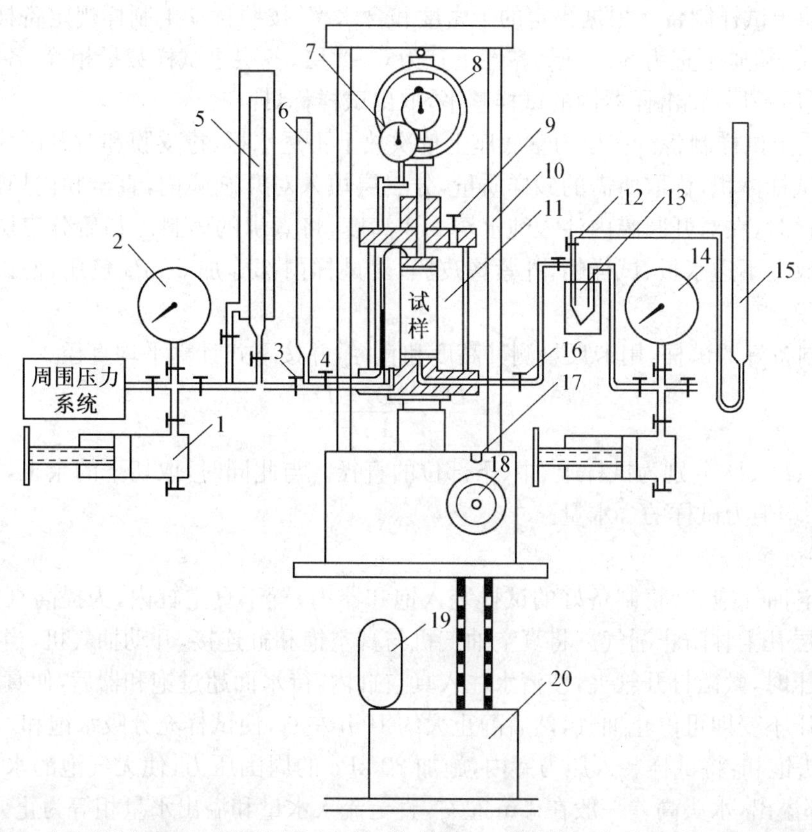

1—调压筒；2—周围压力表；3—周围压力阀；4—排水阀；5—体变管；6—排水管；7—变形量表；8—量力环；9—排气孔；10—轴向加压设备；11—压力室；12—量管阀；13—零位指示器；14—孔隙压力表；15—量管；16—孔隙压力阀；17—离合器；18—手轮；19—马达；20—变速箱

图 8-7　应变控制式三轴仪

8.4.3　试样的制备与饱和

1. 试样制备

(1) 本试验需 3～4 个试样，分别在不同围压下进行试验。

(2) 试样应切成圆柱形状，试样直径最小为 ϕ35 mm，最大为 ϕ101 mm，试样高度与直径的关系一般为 2～2.5 倍，试样的允许最大粒径与试样直径之间的关系如表 8-4 所示。对于有裂缝、软弱面和构造面的试样，试样直径宜大于 60 mm。

表 8-4　试样的允许最大粒径与试样直径之间的关系表

试样直径 D(mm)	允许最大粒径 d(mm)
<100	$d<D/10$
≥ 100	$d<D/5$

(3) 原状土试样制备。根据土样的软硬程度，分别用切土刀和切土器按照上述规定切成圆柱形试样，试样两端应平整，并垂直于试样轴。当试样侧面或端部有小石或凹坑时，允许用削下的余土修整，试样切削时应避免扰动，并取余土测定试样的含水率。

(4) 扰动土试样制备。根据预定的干密度和含水率,按照扰动土制样规定备样后,在击实器内分层击实,粉质土宜为3～5层,黏性土宜为5～8层,各层土试样数量相等,各层接触面应刨毛;击实最后一层,将击样器内的试样整平,取出试样称量。

(5) 砂质土试样制备。在压力室底座上依次放上不透水板、橡皮膜和对开圆膜,根据砂样的干密度和试样体积,称取所需的砂样质量,分三层填入对开圆膜内,直至膜内填满为止。当制备饱和试样时,在对开圆膜内注入纯水至1/3高度,将煮沸的砂料冷却后分三层填入,达到预定高度。放上不透水板、试样帽,扎紧橡皮膜;对试样内部施加5 kPa负压,使试样能站立,拆除对开圆膜。

(6) 对制备好的试样,用卡尺量测其高度和直径,并按下式计算平均直径

$$D=\frac{D_1+2D_2+D_3}{4}$$

式中D_1、D_2、D_3分别为试样上、中、下部位的直径。与此同时,取切下的余土,平行测得含水量,取其平均值为试样的含水量。

2. 试样饱和

(1) 真空抽气饱和:将制备好的试样装入饱和器内,置于真空缸内,为提高真空度可在盖缝中涂上一层凡士林防止漏气。将真空抽气机与真空饱和缸连接,开动抽气机,当真空压力达到1个大气压时,微微打开管夹,使清水注入真空缸内,待水面超过饱和器后,使真空表压力保持一个大气压不变即可停止抽气,然后静止大约10 h左右,使试样充分吸水饱和。

(2) 水头饱和:将试样装入压力室内,施加20 kPa的周围压力,使无气泡的水从试样底座进入,待上部溢出,水头高差一般在1 m左右,直至流入水量和溢出水量相等为止。

(3) 反压力饱和:试样在不固结不排水状态下,在试样顶部施加反压力,同时施加周围压力,反压力应低于周围压力5 kPa。当试样底部孔隙水压力达到稳定后关闭反压力阀,再施加周围压力;当增加的周围压力与增加的孔隙水压力比值$\Delta u/\Delta\sigma_3>0.98$时,认为试样已经饱和。否则再增加反压力和周围压力使土体内气泡继续缩小,直至满足$\Delta u/\Delta\sigma_3>0.98$的条件。

8.4.4 不固结不排水剪试验

1. 操作步骤

(1) 仪器检查。对仪器各部分进行全面检查,周围压力系统、反压力系统、孔隙水压力系统、轴向压力系统是否能正常工作,排水管路是否畅通,管路阀门连接处有无漏水漏气现象。乳胶膜是否有漏水漏气现象。

① 周围压力的量测准确度为全量程的1%,根据试样的强度大小,选择不同量程的测力计,应使最大轴向压力的准确度不低于1%。

② 孔隙水压力量测系统内的气泡应完全排除,系统内的气泡可用纯水或施加压力使气泡溶于水,并从试样底座溢出;测量系统的体积因数应小于$1.5\times10^{-5}\,cm^3/kPa$。

③ 管路应畅通,各连接处应无漏水,压力室活塞杆在轴套内应能滑动。

④ 在使用前,应仔细检查橡皮膜,方法是扎紧两端,向膜内充气,在水中检查,应无气泡溢出,方可使用。

(2) 在压力室的底座上,依次放上不透水板、试样及不透水试样帽;将橡皮膜套在承膜筒内,将两端翻出膜外,从吸气孔吸气,使橡皮膜贴紧承膜筒内壁,然后套在试样外,放气,翻起橡

皮膜，取出承膜筒，用橡皮圈将橡皮膜分别扎紧在压力室底座和试样帽上。

(3) 装上压力室外罩，安装时应先将活塞提高，以防碰撞试样，然后将活塞对准试样帽中心，并旋紧压力室密封螺帽，再将量力环对准活塞。

(4) 打开压力室外罩顶面排气孔，向压力室充水。当压力室快注满水时，降低进水速度；当水从排水孔溢出时，关闭周围压力阀，旋紧排气孔螺栓。

(5) 打开周围压力阀，施加所需的周围压力，周围压力的大小应与工程的实际荷重相适应，并尽可能使最大周围压力与土体的最大实际荷重大致相等，也可按 100、200、300、400 kPa 施加。

(6) 旋转手轮，当量力环的量表微动，表示活塞与试样接触，然后将测力环的量表和轴向位移量表的指针调整到零位。

(7) 启动电动机，合上离合器，开始剪切，剪切速率宜为每分钟应变 0.5%～1.0%。开始阶段，试样每产生垂直应变 0.3%～0.4%时记测力环量表读数和垂直位移量表读数各一次。当轴向应变大于 3%时，试样每产生 0.7%～0.8%的轴向应变(或 0.5 mm 变形值)测记一次。

(8) 当测力计读数出现峰值后，剪切应继续进行至超过 5%的轴向应变为止。当测力计读数无峰值时，剪切应进行到轴向应变为 15%～20%。

(9) 试验结束后，关闭电动机，关闭周围压力阀，脱开离合器，将离合器调至粗位，倒转手轮，将压力室降下，然后打开排气阀，排除压力室内的水，拆卸压力室外罩，拆除试样，描述试样破坏的形状，称量试样质量，并测定试验后的含水率。

(10) 重复以上步骤分别在不同的围压下进行第二、三、四个试样的试验。

2. 成果整理

(1) 计算轴向应变

$$\varepsilon_1=\frac{\Delta h}{h_0}\times 100\% \tag{8-8}$$

式中：ε_1——轴向应变，%；

Δh——轴向变形，mm；

h_0——土样初始高度，mm。

(2) 计算剪切过程中试样的平均面积

$$A_a=\frac{A_0}{1-\varepsilon_1} \tag{8-9}$$

式中：A_a——剪切过程中平均断面积，cm^2；

A_0——土样初始断面积，cm^2；

ε_1——轴向应变，%。

(3) 计算主应力差

$$\sigma_1-\sigma_3=\frac{CR}{A_a}\times 10=\frac{CR(1-\varepsilon_1)}{A_0}\times 10 \tag{8-10}$$

式中：$\sigma_1-\sigma_3$——主应力差，kPa；

σ_1——大主应力，kPa；

σ_3——小主应力，kPa；

C——测力计率定系数，N/0.01 mm；

R——测力计读数，0.01 mm；

10——单位换算系数。

(4) 绘制主应力差与轴向应变关系曲线

以主应力差($\sigma_1-\sigma_3$)为纵坐标,轴向应变 ε_1 为横坐标,绘制主应力差与轴向应变关系曲线(图 8-8),若有峰值时,取曲线上主应力差的峰值作为破坏点;若无峰值时,则取 15%轴向应变时的主应力差值作为破坏点。

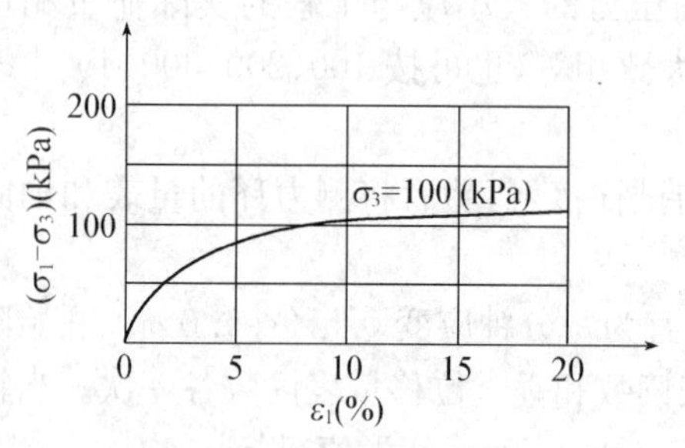

图 8-8 主应力差与轴向应变关系曲线

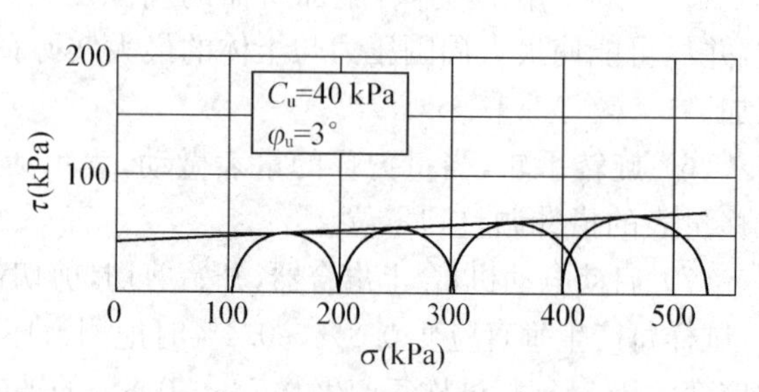

图 8-9 不固结不排水剪强度包线

(5) 绘制强度包线

以剪应力 τ 为纵坐标,法向应力 σ 为横坐标,在横坐标轴上以破坏时的$\frac{\sigma_{1f}+\sigma_{3f}}{2}$为圆心,以$\frac{\sigma_{1f}-\sigma_{3f}}{2}$为半径,在 $\tau\sim\sigma$ 坐标系上绘制破坏总应力圆,并绘制不同周围应力下诸破坏总应力圆的包线(图 8-9),包线的倾角为内摩擦角 φ_u,包线在纵坐标上的截距为黏聚力 c_u。

3. 试验记录

表 8-5 三轴压缩试验(不固结不排水)记录

工程名称________________ 试验者________________

土样说明________________ 计算者________________

试验日期________________ 校核者________________

试样面积(cm^2)		钢环系数(N/0.01 mm)	
试样高度(cm)		剪切速率(mm/min)	
试样体积(cm^3)		周围压力(kPa)	
试样质量(g)		试样破坏描述	
密度(g/cm^3)			
含水率(%)			

轴向变形 /0.01 mm	轴向应变 ε /%	校正后面积$\frac{A_0}{1-\varepsilon}$ /cm^2	轴向应力 /0.01 mm	试样破坏描述 /kPa

8.4.5　固结不排水剪试验

1. 操作步骤

(1) 试验前仪器检查按照不固结不排水剪试验的有关要求进行。

(2) 打开孔隙水压力阀，用玻璃量管中的蒸馏水对管路及压力室底座充水排气，并关阀。将煮沸过的透水板放在压力室底座上，然后依次放上湿滤纸、试样、湿滤纸及透水板，试验周围贴浸水的滤纸条 7～9 条，滤纸条两端与透水板连接。

(3) 按照规定，用承膜筒将橡皮膜套在试样外，橡皮膜下端扎紧在压力室底座上。用软刷子或双手自下而上轻轻按抚试样，以排除试样与橡皮膜之间的气泡。

(4) 打开排气阀，使试样帽中充水，放在透水板上，用橡皮圈将橡皮膜上端与试样帽扎紧，降低排水管，使管内水面位于试样中心以下 20～40 cm，吸除试样与橡皮之间的余水，关排水阀。

(5) 压力室罩安装、充水及测力计调整同不固结不排水剪试验。

(6) 调节排水管，使管内水面与试样高度的中心齐平，测记排水管水面读数；打开孔隙水压力阀，使孔隙水压力等于大气压力，关孔隙水压力阀，记下初始读数。将孔隙水压力阀调至接近周围压力值，施加周围压力后，再打开孔隙水压力阀，等孔隙水压力稳定后，测定孔隙水压力。

(7) 打开排水阀。当需要测定排水过程时，按照规定测记排水管水面及孔隙水压力值，直至孔隙水压力消散 95%以上。固结完成后，关排水阀，测记孔隙水压力和排水管水面读数。微调压力机升降台，使活塞与试样接触，此时轴向变形指示计的变化值为试样固结的高度变化。

(8) 选择剪切应变速率，黏土宜为每分钟应变 0.05%～0.1%，粉土宜为每分钟应变 0.1%～0.5%。将测力计、轴向变形指示计及孔隙水压力读数均调整至零。

(9) 启动电动机，合上离合器，开始剪切。测力计、轴向变形、孔隙水压力测记同不固结不排水剪试验。

(10) 试验结束，关闭电动机，关闭各阀门，脱开离合器，将离合器调至粗位，转动粗调手轮，将压力室降下，打开排气阀，排除压力室内的水，拆卸压力室罩，拆除试样，描述试样破坏形状。称量试样质量，并测定含水率。

2. 结果整理

(1) 计算试样固结后的高度

$$h_c = h_0 \left(1 - \frac{\Delta V}{V_0}\right)^{1/3} \tag{8-11}$$

式中：h_c——试样固结后的高度，cm；

ΔV——试样固结后与固结前的体积变化，cm^3。

(2) 计算试样固结后的面积

$$A_c = A_0 \left(1 - \frac{\Delta V}{V_0}\right)^{2/3} \tag{8-12}$$

式中：A_c——试样固结后的面积，cm^2。

(3) 试样的校正面积计算：

$$A_a = \frac{A_c}{1-\varepsilon_1} \qquad \varepsilon_1 = \frac{\Delta h}{h_c} \times 100\% \tag{8-13}$$

(4) 计算主应力差

$$\sigma_1-\sigma_3=\frac{CR}{A_a}\times 10=\frac{CR(1-\varepsilon_1)}{A_0}\times 10 \tag{8-14}$$

(5) 计算有效主应力

$$\sigma_1'=\sigma_1-u \qquad \sigma_3'=\sigma_3-u \tag{8-15}$$

式中:σ_1'——有效大主应力,kPa;

u——孔隙水压力,kPa;

σ_3'——有效小主应力,kPa。

(6) 计算孔隙水压力系数

$$B=\frac{u_0}{\sigma_3} \qquad A_f=\frac{u_f}{B(\sigma_1-\sigma_3)} \tag{8-16}$$

式中:B——初始孔隙水压力系数;

u_0——施加周围压力产生的孔隙水压力,kPa;

A_f——破坏时的孔隙水压力系数;

u_f——试样破坏时,主应力差产生的孔隙水压力,kPa。

(7) 以主应力差为纵坐标、轴向应变为横坐标,按不固结不排水试验中对应的标准绘制主应力差与轴向应变关系曲线。

(8) 以有效应力比为纵坐标、横向应变为横坐标,绘制有效应力比与轴向应变曲线,如图 8-10 所示。

(9) 以孔隙水压力为纵坐标,横向应变为横坐标,绘制孔隙水压力与轴向应变关系曲线,如图 8-11 所示。

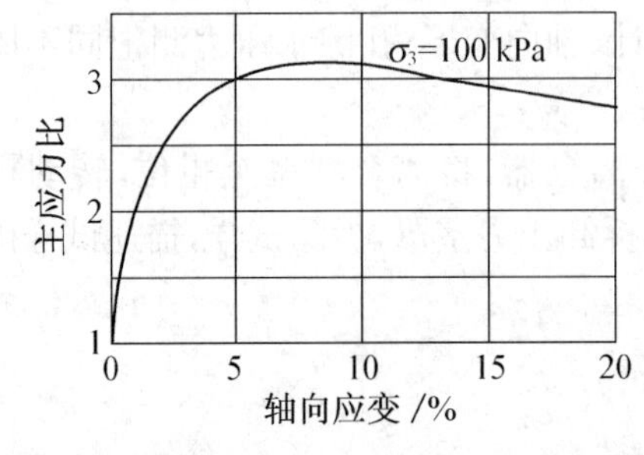

图 8-10　有效应力比与轴向应变关系曲线

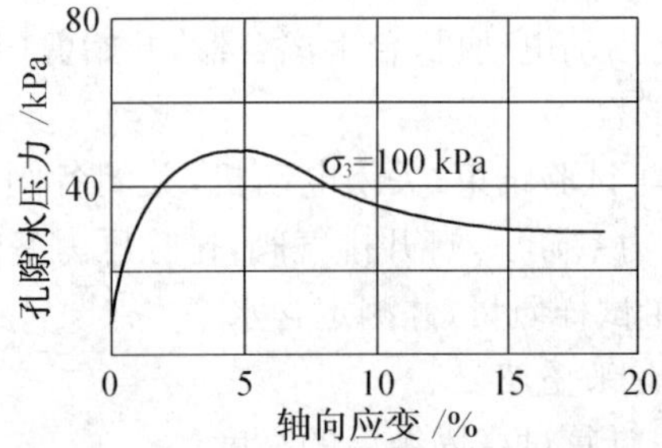

图 8-11　孔隙水压力与轴向应变关系曲线

(10) 以$(\sigma_1'-\sigma_3')/2$为纵坐标、$(\sigma_1'+\sigma_3')/2$为横坐标,绘制有效应力路径曲线,并计算有效内摩擦角和有效黏聚力,如图 8-12 所示。

$$\varphi'=\sin^{-1}\tan\alpha \qquad c'=d/\cos\varphi' \tag{8-17}$$

式中:φ'——有效内摩擦角,°;

c'——有效粘聚力,kPa;

α——应力路径图上破坏点连线的倾角,°;

d——应力路径图上破坏点连线在纵轴上的截距,kPa。

(11) 以主应力差或有效应力比的峰值作为破坏点,无峰值时,以轴向应变 15%时的主应力差值作为破坏点。按照不固结不排水试验中对应的标准绘制破坏应力圆和破坏应力圆包线,并求出总应力强度参数,如图 8-13 所示。有效内摩擦角和有效黏聚力应以$(\sigma_1'+\sigma_3')/2$为圆心、$(\sigma_1'-\sigma_3')/2$ 为半径绘制有效破坏应力圆确定。

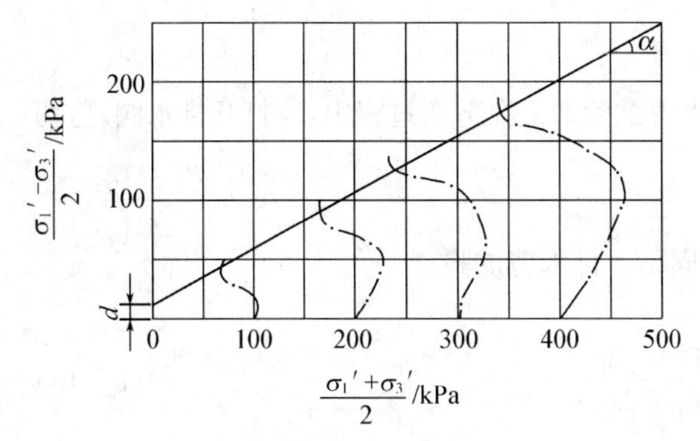

图 8-12　应力路径曲线

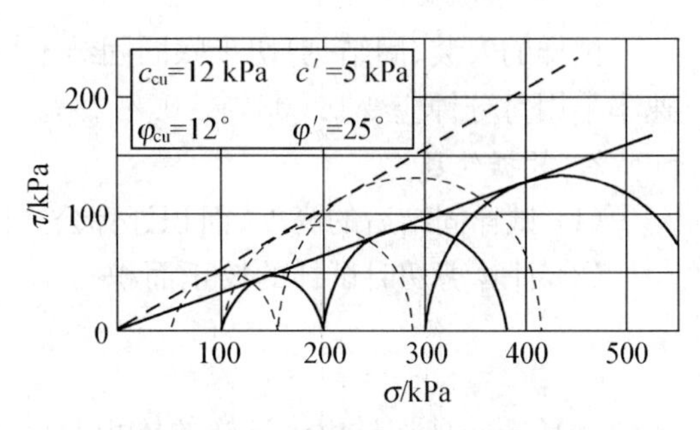

图 8-13　固结不排水剪强度包线

3. 试验记录

表 8-6　三轴压缩试验(固结不排水)记录

工程名称＿＿＿＿＿＿＿＿　试验者＿＿＿＿＿＿＿＿

土样说明＿＿＿＿＿＿＿＿　计算者＿＿＿＿＿＿＿＿

试验日期＿＿＿＿＿＿＿＿　校核者＿＿＿＿＿＿＿＿

	试验前	试验后	钢环系数(N/0.01 mm)	
试样面积(cm^2)			剪切速率(mm/min)	
试样高度(cm)			周围压力(kPa)	
试样体积(cm^3)			初始孔隙水压力(kPa)	
试样质量(g)			试样破坏描述	
密度(g/cm^3)				
含水率(%)				

固结排水

经过时间/(h/min/s)	孔隙水压力/kPa	量管读数/mL	排出水量/mL

固结不排水剪切

轴向变形/0.01 mm	轴向应变 ε/%	校正面积/cm^2	钢环读数/0.01 mm	$\sigma_1-\sigma_3$/kPa	u/kPa	σ_1'/kPa	σ_3'/kPa	σ_1'/σ_3'	$\frac{\sigma_1'-\sigma_3'}{2}$/kPa	$\frac{\sigma_1'+\sigma_3'}{2}$/kPa

8.4.6 固结排水剪试验

1. 操作步骤

试样的安装、固结、剪切步骤同固结不排水剪试验。但在剪切过程中，应打开排水阀，剪切速率采用每分钟应变 0.003%～0.012%。

2. 数据处理

（1）试样固结后的高度、面积计算公式同固结不排水剪试验；

（2）计算剪切时试样的校正面积

$$A_a = \frac{V_c - \Delta V_i}{h_c - \Delta h_i} \tag{8-18}$$

式中：ΔV_i——剪切过程中试样的体积变化，cm^3；

Δh_i——剪切过程中试样的高度变化，cm。

（3）主应力差、有效应力比及孔隙水压力系数计算同固结不排水剪试验。

（4）主应力差与轴向应变关系曲线绘制同不固结不排水剪试验。

（5）主应力比与轴向应变关系曲线绘制同固结不排水剪试验。

（6）以体积应变为纵坐标、轴向应变为横坐标，绘制体应变与轴向应变关系曲线。

（7）破坏应力圆绘制、有效内摩擦角和有效黏聚力确定同固结不排水剪试验，如图 8-14 所示。

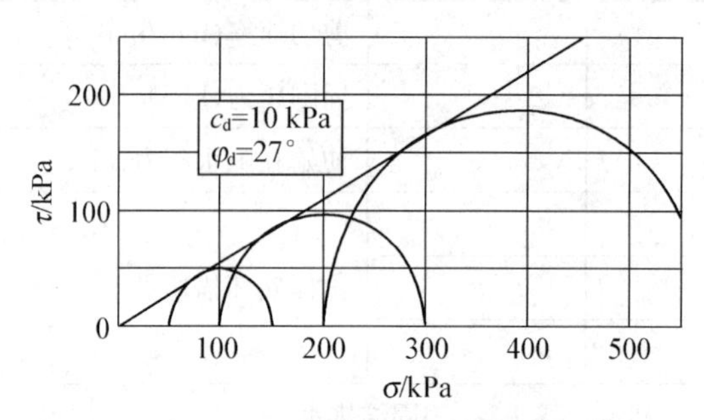

图 8-14　固结排水剪强度包线

3. 试验记录

表 8-7　三轴压缩试验（固结排水）记录

工程名称________________　　试验者________________

土样说明________________　　计算者________________

试验日期________________　　校核者________________

	试验前	试验后	钢环系数(N/0.01 mm)	
试样面积(cm^2)			剪切速率(mm/min)	
试样高度(cm)			周围压力(kPa)	
试样体积(cm^3)			初始孔隙水压力(kPa)	

（续表）

试样质量(g)			试样破坏描述	
密度(g/cm³)				
含水率(%)				

固结排水

经过时间/(h/min/s)	孔隙水压力/kPa	量管读数/mL	排出水量/mL

固结排水剪切

轴向变形/0.01 mm	轴向应变 ε/%	校正面积/cm²	钢环读数/0.01 mm	$\sigma_1-\sigma_3$/kPa	量管读数/cm³	剪切排水量/cm³	$\varepsilon_V=\frac{\Delta V}{V_c}$/%	$\varepsilon_r=\frac{\varepsilon_V-\varepsilon_1}{2}$/%	$\frac{\varepsilon_r}{\varepsilon_1}$	$\frac{\sigma_1}{\sigma_3}$

8.4.7　剪切试验设计和操作方面的注意事项

1. 试验设计的注意事项

(1) 明确试验目的，最大化利用底层剖面图、勘察资料、相似地基的其他工程等来调查现场地基的概括。

(2) 根据试验规范，具体问题的特点、土质、地基状况等选择最佳的试验方法。

(3) 试验开始之前，要仔细确定相应的剪切试验内容和次数。可以参考的资料有物理试验数据，钻孔的现场观察记录或标准贯入击数N值等。

(4) 根据试验方法和土的性质，选择剪切速率。

(5) 根据土样的制备方法和土样特性选择饱和方法。

(6) 根据土深度、土的应力历史以及试验方法，确定周围压力大小。

(7) 根据土样的多少和均匀程度确定单个试样多级加荷还是多个试样分级加荷。

2. 试验操作的注意事项

(1) 操作前应仔细检查试验仪器，包括检查仪器各部分以及配套设备是否工作正常，确认量力环等量测仪器的精度等。

(2) 若用原状试样，应仔细小心取土，选取扰动最少的部分，尽量减少对土体结构的扰动，保持含水量不变。

(3) 用作物理性质试验的试样应尽量与剪切试验用的试样一致。

(4) 若用扰动样，应选择适当的重塑制作方法，并作记录。

(5) 在试验过程中应注意仪器读数。可将读数粗略绘制成图，以便根据试验进行的大致情况作出调整。

(6) 应该及时配合试验的进程整理数据，并根据数据分析情况及时对试验进行调整。要避免在试验即将结束或者已经结束时再集中汇总整理数据。

8.4.8 各种试验方法在实际中的适用性

对同一种土，强度指标与试验方法以及试验条件都有关，实际工程问题的情况又是千变万化的，用实验室的试验条件去模拟现场条件毕竟还会有差别。因此，应根据工程问题的具体情况和各种试验方法的适用范围去选择合适的测试方法。

(1) 直接剪切试验

快剪试验：适用于黏土地基的稳定问题，例如在黏土地基上填土等骤然加荷时的短期稳定问题。

固结快剪试验：适用于采用预加荷载施工等方法使黏土地基固结强化，并将此看作骤然加荷时，黏土地基因固结而强度增加的场合。

固结慢剪试验：适用于砂质地基的一般稳定问题。适用于研究黏土地基的削坡、开挖，或具有较大固结屈服应力的黏土等的长期稳定问题。

(2) 无侧限抗压强度试验

适用于渗透性很低的饱和软黏土地基的稳定性问题。

(3) 三轴剪切试验

不固结不排水剪(UU)试验：适用于研究施工中短期稳定的问题。

固结不排水(CU)试验：适用于地基刚固结后的地基强度问题。该试验确定的有效应力指标 c' 和 φ' 与固结排水试验得到的抗剪强度指标 c_d、φ_d 基本相同，可以用 c'、φ' 分别来代替 c_d、φ_d，适用于分析地基的长期稳定性。

固结排水剪(CD)试验：适用于研究砂质地基的承载力和坡面稳定以及黏性土地基的长期稳定。但黏性土的 CD 试验需要很长时间，往往用 CU 试验代替。

参考文献

[1] 杨迎晓.土力学试验指导[M].杭州:浙江大学出版社,2007

[2] 王述红,宁宝宽,康玉梅,杨齐.土力学试验[M].东北大学出版社,2010

[3] 中国建筑科学研究院.建筑地基基础设计规范(GB 50007—2011)[M].北京:中国建筑工业出版社

[4] 赵明华.土力学与基础工程[M].长沙:湖南科技出版社,2009

[5] 袁聚云,徐超,赵春峰等.土工试验与原位测试[M].上海:同济大学出版社,2004

[6] 侍倩.土工试验与测试技术.[M].北京:化学工业出版社,2005

[7] 交通部公路科学研究院.公路土工试验规程(JTG E40—2007)[M].北京:人民交通出版社

[8] 邱轶兵.试验设计与数据处理[M].合肥:中国科学技术大学出版社

[9] 建设部综合勘察研究设计院.岩土工程勘察规范(GB 50021—2009)[M].北京:中国建筑工业出版社

[10] 林宗元.岩土工程试验监测手册[M].北京:中国建筑工业出版社,2005

[11] 姚仰平.土力学[M].北京:高等教育出版社,2004

[12] 中华人民共和国水利部.土工试验方法标准(GB/T50123—2007)[M].北京:中国计划出版社

[13] 李广信.高等土力学[M].北京:高等教育出版社,2014

[14] 席永慧.土力学及基础工程[M].上海:同济大学出版社,2006

[15] 罗成汉,刘小山.曲线拟合的 Matlab 实现[J].现代电子技术,2003.163(20):16-20

[16] 陈希哲.土力学地基基础[M].北京:清华大学出版社,2007

[17] 路培毅.土力学[M].北京:中国建材工业出版社,2004

[18] 李明田,赵峥嵘.土质学与土力学[M].济南:山东大学出版社,2004

[19] 刘起霞.土力学试验[M].长沙:中南大学出版社,2005

[20] 阮波,张向京.土力学实验[M].长沙:中南大学出版社,2009

参考文献